AU SAVANT ET VÉNÉRÉ

Monsieur H. MILNE-EDWARDS

Membre de l'Institut
Doyen de la Faculté des Sciences
Professeur honoraire
au Muséum d'Histoire naturelle

HOMMAGE
D'UN PROFOND RESPECT

O. DES MURS

TABLE DES 80 PLANCHES
ET DE LEUR PLACEMENT

LES OISEAUX D'EAU — TABLE

TABLE MÉTHODIQUE DES MATIÈRES

AVANT-PROPOS

Si nous faisons précéder notre Publication de cet Avant-propos, c'est pour faire connaître au Lecteur, non l'idée mère qui y a présidé, celle d'une nouvelle histoire des Oiseaux d'Europe — elle appartient à tout le monde (témoins : le Manuel d'Ornithologie de Temminck, resté le seul à suivre et à consulter pendant la presque moitié de ce siècle ; et celui plus important, l'Ornithologie européenne de Gerbe, dont nous déplorons, avec la science, la perte toute récente) ; — mais le motif des suppressions d'espèces que nous avons été amené à y pratiquer.

Un ouvrage, circonscrit à l'une des parties du monde, doit avoir une limite, celle même de la circonscription du coin de terre dont il entend faire connaître les productions ; l'on va voir que ce n'est pas sans raison que nous nous servons de cette expression.

Les oiseaux ont, comme les plantes, leurs lieux d'élection où ils se reproduisent ; or, c'est cette perpétuité même qui assigne ou fixe, à chacune de celles-ci, son lieu d'origine, et lui attribue une patrie le plus souvent réelle, parfois purement adoptive ou d'emprunt ; mais enfin, il lui arrive de fructifier et de germer librement sur notre sol.

La conséquence de cette proposition pour nous est, comme elle a été pour Temminck, notre maître, comme elle était pour notre honorable ami Gerbe, en 1854, que les oiseaux seuls qui se reproduisent en Europe doivent figurer dans une faune ornithologique de cette contrée.

Vouloir y faire entrer toutes les espèces de passage, c'est apporter un germe de confusion, et risquer à la longue, d'une ornithologie partielle ou régionale, d'en faire une si générale, qu'elle deviendrait une tour de Babel pour ceux qui voudraient en aborder l'étude.

Ajoutons que l'essence de l'histoire naturelle en zoologie est, aujourd'hui plus que jamais, non l'aride exposé de la méthode ou des caractères, mais l'étude si vivifiante et si instructive des mœurs, des habitudes et de la manière de vivre des êtres, et spécialement des oiseaux.

Notre conclusion est que, sans une nidification généralement reconnue et démontrée, nous n'admettons aucune espèce à figurer dans une Ornithologie de l'Europe.

Tels sont les motifs qui, malgré l'exemple donné par Gerbe, toujours d'ordinaire si bien inspiré, nous ont fait supprimer, dans la nôtre, toutes les espèces, de passage plus ou moins authentique, auxquelles il a fait trop généreusement l'honneur d'une hospitalité et d'un droit de cité que nous leur refusons.

CONSIDÉRATIONS GÉNÉRALES

SUR

LES OISEAUX

Pour rendre la science attrayante, il la faut dégager de tout son attirail ou, pour mieux dire, de son appareil doctrinal et pédagogique. Fidèle à ce principe, nous indiquerons sommairement ce qu'est l'oiseau, qui va faire l'objet de cette étude, et qui appartient à la grande division du règne animal, dite des vertébrés.

Cette division, la première comme perfection, la dernière comme création du règne animal, comprend tous les animaux, poissons, reptiles, oiseaux, cétacés et mammifères, qui ont une charpente osseuse intérieure, composée d'un plus ou moins grand nombre de pièces solides, liées les unes aux autres, et cependant rendues mobiles à l'aide d'articulations : les principales de ces pièces, celles qui protègent les centres nerveux, sont connues sous le nom de *vertèbres*, d'où l'appellation de la division; et l'ensemble de tout l'appareil est désigné sous le nom de *squelette*.

La classe des oiseaux est peut-être la plus importante de toutes ces catégories zoologiques; car c'est une de celles dont la création se justifie le plus par l'utilité de son intervention constante dans les nécessités du globe; en un mot, celle qui a le plus sa raison d'être.

Les caractères principaux des oiseaux qui forment la troisième classe de cette division sont : une reproduction ovipare extra-utérine; des ponmons sans lobes; une circulation à sang chaud, double chez la presque généralité d'entre eux, simple chez quelques-uns seulement; une peau couverte de plumes, ou squameuses, ou piliformes, ou le plus universellement duveteuses; un bec corné, dont la forme varie suivant le régime propre à chaque famille; par privilège unique, des cavités aériennes, disséminées dans tous les organes, destinées à leur donner une légèreté spécifique, en permettant l'introduction de l'air, non seulement dans les poumons, mais aussi dans diverses parties du corps, même dans l'intérieur des os, et jusque dans le tissu des plumes.

C'est-à-dire, qu'indépendamment de l'air respirable, indispensable à la vie, absorbé par les poumons, ils ont la faculté de remplir et vider à volonté ces réserves aériennes selon les exigences de leur locomotion au vol; de telle manière que, de même qu'un aérostat ou ballon dont on ouvre ou ferme au besoin la soupape de sûreté, soit pour en faciliter l'ascension, soit pour en accélérer la descente, l'oiseau, s'il veut s'élever en se rendant beaucoup plus léger que le milieu où il se meut, force sa provision d'air intérieur, et la diminue, s'il veut se rendre plus pesant en se rapprochant du sol.

Par la même raison, à la moindre atteinte, soit à l'un de ces réceptacles (véritables gazomètres), soit aux os ou aux vertèbres qui leur servent de conducteurs, le réservoir fait fuite, et l'oiseau, malgré l'agitation inconsciente de ses ailes, tombe de tout son poids selon les lois de la gravitation : le ballon est crevé !

Dans tout le squelette, le sternum, qui représente une carène de vaisseau, est l'os le plus grand du corps de l'oiseau, en général.

Ajoutons, pour complément à cet appareil de locomotion aérienne, que, comme moyens de locomotion sur le sol ou de progression et de station sur les arbres ou sur leurs branches, les oiseaux sont portés sur deux pieds ou pattes, terminés, suivant leurs aptitudes, par deux, trois ou quatre doigts divisés, dans ce dernier cas, chez les uns, deux en avant, deux en arrière : ce sont ceux que l'on a appelés de ce fait *zygodactyles*, ou à doigts accouplés deux à deux; c'est le plus petit nombre et en quelque sorte l'exception et l'attribut de ceux qu'on a nommés grimpeurs; chez les autres, et c'est le plus grand nombre et la presque généralité, trois antérieurs et un postérieur : ce sont les *déodactyles*, ou à doigts libres. Sans parler de ceux dont les doigts sont unis par une membrane pour frapper l'eau ou s'y diriger, et qui sont les palmipèdes ou nageurs.

De tous les sens de l'oiseau, celui de l'ouïe est le plus fin, puis celui

de la vue : l'un pour sa sûreté individuelle, l'autre pour la direction de
son vol.

Impressionnables aux changements et modifications atmosphériques,
on suppose les oiseaux doués, en outre, d'un sens supplémentaire, dé-
nommé sens universel par Virey, et par Carus, sens thermo-électrique.

C'est celui, en définitive, qui leur fait prévoir ou pressentir les variations de température, et les détermine à quitter régulièrement un climat
pour un autre, à la recherche, soit d'une nourriture plus abondante, soit
d'une atmosphère ou plus chaude ou plus froide, causes générales de
leurs migrations, quoique plusieurs soient sédentaires et, sans changer
positivement de climat, se bornent à un changement de latitude ou d'alti-
tude dans la même contrée, ce qui a lieu surtout dans les pays de montagnes.

Enfin, la plupart choisissent le lieu le plus convenable pour y déposer
leurs œufs, soit en préparant le terrain s'ils nichent sur le sol ou dans les
herbes, soit en réunissant sur les arbres les matériaux nécessaires à la
construction du nid, soit en l'y suspendant aux branches en forme de
hamac, et déploient un véritable talent dans leur construction. Dans tous
ces cas, c'est en communiquant par eux-mêmes à leurs œufs la chaleur
de leur contact qu'ils parviennent à les faire éclore.

Il ne faut pas croire cependant que tous s'imposent ce labeur; il y a
quelques notables exceptions :

1° La plupart des Coucous, en tête notre Coucou d'Europe, passent
pour ne faire aucun nid : mais ils pondent ou introduisent leurs œufs dans
le nid d'autres espèces auxquelles ils abandonnent le soin de les couver et
d'élever les petits;

2° D'autres, les Mégapodes ou Tavons, tous de la Polynésie et de l'Australie, qui se rapprochent des Gallinacés et ne quittent pas le sol, se
réunissent en plusieurs couples, élèvent de véritables meules d'herbes,
ramassées fraîches à l'aide de leurs longs doigts, et couches par couches
superposées, y pondent tour à tour leurs œufs, que la chaleur seule de la
fermentation suffit à faire éclore, et ne s'occupent des petits, qui en
naissent et courent au sortir de la coquille, qu'au moment où ils s'en
échappent, pour les conduire et les protéger;

3° Un procédé semblable est employé par d'autres espèces de la même
famille, non plus avec des amas d'herbes, mais des amas et des monticules
de sable, laissant à l'action du soleil le soin de développer le degré de
chaleur indispensable à l'éclosion des œufs.

On peut donc encore dire à la rigueur de ces oiseaux qu'ils construisent un nid; mais ils ne couvent pas.

Quoi qu'il en soit, on verra que, réduite comme elle l'est à un petit nombre relatif d'espèces, l'Europe en compte bien peu de véritablement industrieuses dans la construction de leurs nids, une douzaine à peine, quoique presque tous méritent une attention spéciale.

Quant à l'œuf de l'oiseau, nos études oologiques nous ont conduit à reconnaître et à établir cette proposition : qu'en général l'œuf, dans ses dimensions, représente mathématiquement le dixième de la taille de l'oiseau; ce qui n'est, dans aucun ordre, plus remarquable que dans celui des Passereaux. Pour ce qui est de la coloration, il suffit de savoir que chaque famille a sa couleur dominante, laquelle, sauf quelques exceptions, varie peu d'une espèce à l'autre.

Un mot, maintenant, sur la marche que nous avons adoptée pour cette histoire des oiseaux d'Europe.

En comparant le nombre d'espèces d'oiseaux que renferme notre Europe (600 à peu près qu'on peut encore réduire à 450) à celui des espèces que contiennent les autres parties du monde (10 000 environ), il est facile de voir la presque impossibilité où se trouve l'ornithologiste de donner un aperçu d'ensemble de leur classement méthodique. Si, cependant, par suite de cette infériorité numérique, le classement des oiseaux d'Europe laisse d'immenses vides à remplir, il permet au moins d'y faire figurer les éléments de chacun des ordres de la classe, au nombre de cinq :

1° — LES OISEAUX DE MER OU NAGEURS;

2° — LES OISEAUX DE RIVAGE OU ÉCHASSIERS;

3° — LES OISEAUX DE TERRE OU COUREURS;

4° — LES OISEAUX DES BOIS ET DES CHAMPS OU PASSEREAUX des auteurs;

5° — LES OISEAUX DE L'AIR OU OISEAUX DE PROIE, RAPACES des auteurs.

On ne s'étonnera pas de nous voir ouvrir la classe des oiseaux par les oiseaux d'eau pour la terminer par les oiseaux de proie; l'exemple, trop longtemps oublié, en a été donné par Schœffer d'abord au siècle dernier; dans le présent, par Lamark, Lesson, le docteur Reichenbach, et plus récemment par Toussenel; nous croyons même que cette marche est enseignée, à l'heure qu'il est, par l'éminent professeur du Muséum, M. Alphonse Milne-

Edwards, dont la chaire est suivie, plus qu'elle ne l'a jamais été, par un nombreux public certain de n'avoir que des choses neuves et dignes d'intérêt à y apprendre, sans parler de l'élévation et de l'ampleur des idées avec lesquelles elles lui sont présentées.

Il est naturel et rationnel, en effet, faisant, pour chaque classe, ce que l'on n'a jamais hésité à faire pour le règne animal tout entier, de prendre d'abord l'ensemble de la classe des oiseaux dans l'ordre selon lequel chaque groupe a dû être créé relativement au milieu dans lequel il avait à vivre et à se mouvoir. Or, notre planète ayant été enveloppée d'eau avant l'émersion des parties terreuses ou terrestres, ou mieux de l'élément solide, c'est par les oiseaux d'eau que la raison dit de commencer la série. C'est, en un mot, ce que l'on appelle la méthode *ascendante*, par opposition à la méthode *descendante* de G. Cuvier et de Geoffroy Saint-Hilaire.

Cette manière de traiter l'ornithologie est conforme, du reste, aux principes émis par le savant M. Marsh, dans son étude sur les *modifications géologiques du globe;* elle ne l'est pas moins à ceux développés par MM. Lyell, Darwin et Réchin sur les *oscillations du sol terrestre* et sur la *variabilité des espèces;* elle est conforme également aux idées si bien élucidées par le docteur Pucheran, dans ses *Lettres à M. le professeur d'Archiac,* sur les indications que peut fournir la géologie, pour l'explication des différences que présentent les faunes actuelles; elle ne contrarie pas davantage, sauf quelques réserves, soit les théories si brillantes et si osées de Darwin, auxquelles cependant nous aurons peut-être à nous heurter plus d'une fois, soit celle si savante de M. le professeur Albert Gaudry sur les *enchaînements du monde animal;* et elle concourt, en définitive, à démontrer, en même temps que l'opportunité de ces travaux. l'intérêt qu'ils présentent au point de vue des sciences naturelles.

Nous ne serions pas complet, si nous n'ajoutions, pour ouvrir des aperçus nouveaux dans l'esprit du lecteur, que de même qu'avec le secours de la géologie la botanique s'est accrue de ses immenses fougères arborescentes fossiles, et la mammalogie de ses mammouths et de ses gigantesques mastodontes; de même l'ornithologie a vu surgir du sein de la terre et des siècles ses dinornis et ses épyornis fabuleux, tous oiseaux de formes et de tailles que l'on n'aurait jamais supposé avoir pu exister. En telle sorte qu'on est arrivé, ainsi que l'a dit M. Alph. Milne-Edwards, le plus actif vulgarisateur de ces belles découvertes « à démontrer l'existence de la classe des oiseaux parmi les fossiles, et à prouver par là qu'à cette époque reculée, où les espèces étaient si différentes de celles que nous voyons maintenant, les lois générales de coexistence, de structure, enfin tout ce qui s'élève au-dessus des simples rapports spécifiques, tout ce qui tient à la nature même des organes et à leurs fonctions essentielles étaient les mêmes que de nos jours ».

Nous ferons au surplus figurer la plupart de ces curieuses restitutions dans le tableau méthodique général qui va suivre.

LES OISEAUX DE MER

LES OISEAUX DE MER[1]

CONSIDÉRATIONS GÉNÉRALES

L'Océan, pour parler comme Lesson, a ses oiseaux, de même que la terre. Forcés d'en parcourir sans cesse les solitudes pour y trouver leur subsistance, ils sont doués, les uns d'une aptitude et d'une vigueur de natation égales à celles des poissons; les autres, d'une puissance de vol extraordinaire, afin de pouvoir, en quelques heures, franchir des espaces immenses, et se porter instantanément là où l'instinct et le besoin les appellent.

On les retrouve ainsi jusqu'aux dernières limites du globe.

En 1854, en effet, le lieutenant Morton, attaché à l'expédition commandée par le docteur américain Elisha Kane, après s'être avancé en traineau jusqu'au 70° degré de latitude nord sur les bords de la mer Polaire, par delà la banquise, découvrait sur les eaux libres une foule de Palmipèdes, des Canards, des Hirondelles de mer, des Mouettes, des Oies; et on peut regarder comme certain que les dix degrés qui séparaient ces oiseaux du pôle nord ne devaient pas constituer pour eux une barrière infranchissable.

1. Gaviæ.

On est donc fondé à dire que, si la conquête du pôle ne révèle pas l'existence d'êtres inconnus et confinés dans ces régions lointaines, l'homme y retrouvera assurément des variétés qui se rattacheront à des types déjà classés, et peut-être le type unique, presque disparu à l'heure qu'il est, du grand Pingouin.

Le caractère zoologique principal de ces oiseaux est d'avoir les pieds palmés, c'est-à-dire les trois doigts antérieurs unis par une membrane, qui englobe quelquefois le pouce, celui-ci cependant restant libre dans le plus grand nombre ;

Leur caractère de mœurs dominant :

L'esprit d'association, dicté par la nécessité de résister, au moyen de leurs immenses agrégations sur un même point, à la destruction dont les eût menacés autrement le contact trop immédiat de l'homme.

Les oiseaux de mer forment trois divisions :

1° — LES OISEAUX DE TRANSITION OU IMPENNES ;

2° — LES OISEAUX NAGEURS PROPREMENT DITS ;

3° — Et LES OISEAUX LAMELLIROSTRES OU CANARDS.

ORDRE PREMIER

———

LES OISEAUX D'EAU
ou PALMIPÈDES

PALMIPÈDES, Latham. 1790

———

1ᵉʳ SOUS-ORDRE
OISEAUX DE TRANSITION OU IMPENNES
IMPENNES

Ce que nous appelons oiseaux de transition sont ceux, dans notre hémisphère et en Europe, qui apparaissent après ou en même temps que le premier moule des Manchots de l'hémisphère antarctique. Leur bec est tantôt allongé et pointu, tantôt recourbé en se relevant et s'épaississant au bout qui est crochu, et recouvre l'extrémité de la mandibule inférieure, relevée et tronquée. Leurs pieds n'ont que trois doigts réunis par une membrane natatoire, le pouce manquant généralement. Leurs ailes, impropres ou peu propres au vol, sont terminées par quelques pennes faiblement résistantes. Essentiellement plongeurs, hors de l'eau ils ne peuvent que ramper sur le ventre, ou se tenir sur les pieds, le corps dans une position forcément verticale.

Ils ne forment qu'une tribu, à laquelle une seule espèce sert de type, et comme première famille et comme groupe générique.

TRIBU UNIQUE
PINGUINIDÉS, *PINGUINIDÆ.*

Les Pingouins paraissent habiter de préférence exclusivement la mer Glaciale, quoiqu'ils en descendent pour nicher jusqu'à l'île de Wight; néanmoins, les îles Féroë et les côtes de Norwége semblent être leurs terres de prédilection dans l'ancien continent, et le Groënland, le Labrador avec Terre-Neuve dans le nouveau. Ils sont presque entièrement privés de la faculté de voler à grandes distances, n'ayant que des petits bouts d'ailes, garnies à la vérité de pennes, mais si courtes et si faibles qu'elles ne peuvent être comparées à celles des autres oiseaux qui ont tout leur développement; suffisantes à leur servir de parachute, lorsqu'ils s'élancent des rochers dans les flots, ou pour raser, en voletant, la surface des eaux, elles ne sauraient les soutenir longtemps en l'air; se trouvant ainsi réduites, selon la remarque de M. Blyth, au minimum d'étendue et de développement nécessaires à la sustention aérienne, afin qu'elles pussent avoir ainsi plus d'action sous l'eau.

Le plumage de tous les oiseaux de cette tribu est excessivement serré, garni d'un épais duvet à la racine des plumes, et difficile à arracher. Les pêcheurs et les dénicheurs d'œufs se servent souvent de leurs peaux garnies de leurs plumes pour entourer leurs poignets.

Quatre familles se partagent cette tribu : les Pingouins proprement dits et les Alques, réduits chacun à une seule espèce; les Guillemots, qui en renferment six, et les Macareux, trois.

1re FAMILLE

PINGUININÉS. — Pinguininæ.

Nous n'avons pas besoin de dire que cette famille, à laquelle
il a bien fallu donner un nom pour se conformer à la méthode,
est purement d'ordre et hypothétique, en ce sens que ne reposant jusqu'à ce jour que sur une seule espèce, elle laisse la porte
ouverte à celles que l'on pourrait découvrir et y adjoindre à l'a-
venir.

Ajoutons qu'en faisant du grand Pingouin le type et le pivot
d'un groupe familial, nous adoptons en entier la manière de voir,
en 1855, de M. Steenstrup (laquelle n'est après tout que celle
du prince Charles Bonaparte), mais qu'il a été le premier à faire
valoir par les raisons suivantes :

« La petitesse de l'aile chez cet oiseau, dit-il, résultant du
raccourcissement de l'os de l'avant-bras, est à un degré tel que
cet os, mesurant à peine la moitié de la longueur de l'humérus.
fournit ainsi un premier caractère différentiel, puisque, chez
l'Alque Torda. que nous allons décrire et qui lui a toujours été
adjoint jusqu'à ce moment, il est presque de la même longueur.
Un second caractère, intimement lié au premier, est fourni par
le faible développement des pennes de la main. Ces caractères
anatomiques valent bien les caractères purement extérieurs qui
servent, en général, à établir les groupes dans la classe des oiseaux. »

Nous verrons bientôt l'importance et les conséquences de cette
organisation pour les habitudes et les mœurs du grand Pingouin.

GROUPE UNIQUE

PINGOUIN, *PINGUINUS* (Bonnaterre, 1790). — *ALCA*
(Linné, Syst. natur., 1744).

Bec presque aussi long et sur le même plan que la tête, qui est aplatie, dessinant une courbe à partir du front, pour se relever à son extrémité, qui se termine en pointe infléchie, emboîtant celle de la mandibule inférieure, qui est comme tronquée, bec, en tout, puissant et redoutable, rayé verticalement de huit sillons sur la mandibule supérieure et d'une dizaine sur l'inférieure; narines marginales étroites, cachées par de petites plumes courtes ayant le moelleux du velours; ailes garnies de six à sept petites pennes graduées également, et dont la première est la plus longue; queue très courte et étagée, les deux pennes médianes dépassant légèrement toutes les autres; tarses robustes, plus courts que le doigt interne, qui est le plus petit des trois, le pouce manquant; ongles faiblement courbés et aigus; celui du doigt médian le plus long et le plus fort.

PL. 1. — GRAND PINGOUIN (Buffon, Pl. enl., 367). ESPÈCE UNIQUE.

Alca major (Brisson, Ornithologie, 1760). — *Alca impennis* (Linné, 1766). — *Pinguinus impennis* (Bonnaterre, 1790).

Mâles et femelles adultes, en été : tête, derrière et côtés du cou, gorge et dessus du corps d'un noir profond; une grande tache ovalaire, d'un blanc de neige, occupant tout l'espace entre l'œil et la base de la mandibule supérieure; devant du cou et tout le dessous du corps d'un blanc pur; couvertures supérieures des ailes du même noir que le manteau ; rémiges noires, les secondaires terminées de blanc ; queue noire ; bec noir avec huit sillons à fond blanc mat sur la mandibule supérieure, et dix ou onze plus fins et plus étroits sur l'inférieure ; pieds et palmatures ainsi que les ongles noirs ; iris brun foncé. Taille de soixante-cinq à soixante-dix centimètres.

Si restreint et si concis que nous voulions être, force nous est bien, pour cette espèce à la veille de disparaître, si elle n'est déjà disparue de la classe des oiseaux, d'entrer dans quelques détails rétrospectifs sur son historique, d'autant que, dans presque tous les ouvrages d'ornithologie européenne, ils sont restés ignorés ou méconnus de la plupart des auteurs qui s'en sont occupés, notamment en France.

Or, il se trouve, grâce aux savantes recherches et au beau mémoire sur le grand Pingouin, publié par le docteur danois Steenstrup, en 1855, que c'est au moment où se perd toute trace de cet oiseau, que l'on découvre le plus de documents sur son habitat, ses mœurs et sa manière de vivre.

Ainsi, il est avéré qu'à une époque, qui n'est pas éloignée, le grand Pingouin a été aussi commun et aussi multiplié sur la côte occidentale de l'Amérique boréale, que l'est encore le grand Manchot sur celle de l'Amérique australe ; que, faute de bois, les habitants de Funk-Island se chauffaient avec les ossements de cet oiseau, dont plusieurs ont été recueillis par M. Stuwitz vers 1850, et que le docteur Hayes en a vu de vivants à l'île Disco en 1869.

L'œuf en est aussi introuvable que l'oiseau lui-même. On aura une idée de sa valeur et peut-être de l'unique motif de la rareté de l'oiseau, lorsqu'on saura que ce même œuf, que nous avons payé trois et cinq francs pièce, en 1830 et 1833. qui en valait vingt-cinq et trente en 1840, s'est payé depuis, pendant quinze ans, cinq cents et huit cents francs ; et qu'en ce moment certains détenteurs paraissent ne vouloir plus s'en défaire à aucun prix.

Cet oiseau semblerait donc avoir complètement disparu, tant en est acharnée la destruction.

Temminck nous le montre occupant les plus hautes latitudes du globe, toujours dans les régions couvertes de glaces ; vivant et se trouvant habituellement sur les glaces flottantes du pôle arctique, dont il ne s'éloigne qu'accidentellement ; ne venant jamais à terre que pour nicher ; visitant, quoique rarement, les côtes des îles Orcades et Saint-Kilda ; enfin commun au Groënland (1).

Sa nourriture, suivant le rapport des voyageurs, consisterait en gros poissons, tels que, particulièrement, le *Cyclopterus Lumpus* et autres, ainsi qu'en plantes marines. Il niche sur les rochers escarpés, toujours dans le voisinage des glaces flottantes ; place son nid, qui n'en est pas un, dans les cavernes, dans les fentes des rochers, ou se creuse des terriers profonds.

Il pond un seul œuf, énorme (c'est le plus grand des œufs pondus en Europe), très piriforme, d'un roux très clair ou d'un gris isabelle, avec des taches, des raies irrégulières onduleuses et des zigzags noirs ou d'un brun plus ou moins foncé lorsqu'ils sont superficiels, d'un gris violet ou cendré lorsqu'ils sont profonds.

Son grand diamètre est de cent vingt-cinq (douze centimètres et demi) à cent trente millimètres ; le petit, de soixante-quinze à soixante-dix-huit millimètres.

2e FAMILLE

ALCINÉS. — Alcinæ.

En faisant une famille distincte de l'Alque d'avec le Pingouin, nous n'innovons point, ne suivant en cela que l'exemple du docteur Steenstrup et du prince Charles Bonaparte, desquels s'est séparé Gerbe, sans faire connaître ses motifs.

Cette famille, d'après ce que nous venons de dire, ne se compose, comme celle des Pingouins, que d'une seule espèce, type familial et générique, que l'on a confondue jusqu'à ce jour avec la suivante, malgré le caractère organique différentiel que nous avons indiqué tout à l'heure.

(1, *Manuel d'Ornithologie*, — 1820.

GROUPE UNIQUE

ALQUE, *ALCA* (L).

Bec de même forme que chez le grand Pingouin; les
sillons de la mandibule supérieure réduits à trois ou quatre;
l'os de l'avant-bras beaucoup plus allongé, et dès lors plus
favorable aux mouvements du vol; les pennes alaires dépassant la base de la queue, et, sans être positivement propres
à un vol soutenu, pouvant servir de parachute pour amortir
l'élan d'en haut en bas.

PL. 2. — PETIT PINGOUIN (Buffon). — PINGOUIN MACROPTÈRE
(Temminck). ESPÈCE UNIQUE.

Alque macroptère. — *Alca torda*, L.

Chez lui, la tête, la gorge, la partie supérieure de la face antérieure du cou, la totalité des faces latérales et postérieures
sont d'un noir tirant sur une couleur de suie rougeâtre, avec une
fine ligne d'un blanc pur qui, du haut du bec, se rend aux yeux;
le dos et les sus-caudales sont d'un noir profond tirant au brunâtre sur les scapulaires; le bas de la face antérieure du cou, la
poitrine, l'abdomen et les sous-caudales sont d'un blanc pur; la
queue est noire; le bec est noir, avec trois rainures courbes sur
la mandibule supérieure, celle du milieu blanche et la plus étendue, et deux ou trois rainures également sur l'inférieure, correspondant aux précédentes, la plus longue blanche; les pieds sont
noirs; l'iris est brun. Il ne mesure que trente-huit centimètres
de longueur.

Cette espèce est tellement nombreuse, ainsi que celles des
deux groupes qui vont suivre, qu'il n'est pas à craindre que la
race s'en éteigne de sitôt.

Il se reproduit, en France, aux Aiguilles d'Étretat, sur les côtes de la Bretagne, de Cherbourg et à Aurigny. Il se reproduit aussi, dit-on, sur la côte occidentale de l'Angleterre.

Quoiqu'en apparence des plus mal conformés pour le vol, après le grand Pingouin, des oiseaux de la tribu, il joint à cette faculté, qu'il possède dans une certaine mesure, celle de pouvoir plonger à de grandes profondeurs ; ce qui n'a rien qui surprenne, d'après son organisation si rapprochée de celle de ce dernier.

Les œufs d'Alques sont généralement d'un blanc pur largement moucheté de brun rougeâtre foncé ou de noir ; les mouchetures formant ordinairement un cercle sur le gros bout. Quant aux taches, les unes sont superficielles, ce sont les plus foncées ; les autres profondes, et elles sont d'un gris cendré ou veineux. Leur grand diamètre est de soixante-quatorze à soixante-dix-neuf millimètres, et le petit, de quarante-sept à quarante-neuf.

La nourriture de l'Alque consiste en crevettes, en divers autres animaux marins, en petits poissons et en frai de poissons. Audubon a trouvé, dans l'estomac d'un grand nombre de ces oiseaux, des écailles, des morceaux de poissons et des débris de coquillages.

3e FAMILLE

URINÉS. — Uriinæ.

Les Uriens ou Guillemots diffèrent des Pingouins et des Alques, en ce que leur bec, au lieu d'être aplati verticalement, courbé en crochet et sillonné (ce qui leur a valu le nom de *Bec-en-rasoir*, que leur donnent les Anglo-Américains), est plus ou moins long, droit, avec la mandibule supérieure légèrement infléchie, vers la pointe seulement, et l'inférieure formant un angle plus ou moins ouvert. Les teintes de leur plumage ne varient également que du noir au blanc.

De même que les Pingouins et les Alques, et avec eux, les Guillemots se trouvent relégués dans des climats couverts de frimas éternels; et ce n'est que contraints par les glaces de quitter, en hiver, les contrées arctiques, qu'ils émigrent, dans cette saison, le long des côtes maritimes, et visitent les pays froids et, parfois même, les pays tempérés de l'Amérique et de l'Europe. Leur apparition à terre, excepté au temps de la ponte, est le plus souvent due à des perturbations atmosphériques, qui les forcent d'abandonner leur élément favori; plusieurs s'égarent par les mêmes causes dans les rivières et dans les lacs où, dit Temminck, on les voit souvent en hiver.

On les a divisés en deux groupes génériques : les Guillemots proprement dits et les Mergules, qui, pour nous, n'en font qu'un seul et même, sous le titre de Guillemots.

GROUPE GÉNÉRIQUE UNIQUE
GUILLEMOT, *URIA* (Briss.).

Bec plus court que la tête, plus ou moins droit ou convexe en dessus, anguleux en dessous, un peu courbé et échancré à l'extrémité des deux mandibules; narines plus ou moins étroites, ovalaires, à moitié fermées par une membrane emplumée, percées de part en part en avant; ailes de moyenne dimension, les deux premières pennes égales, les plus longues; queue courte et arrondie; tarses courts, de la longueur du doigt médian, réticulés; pas de pouce; ongles moyens, faiblement courbés et aigus, celui du doigt médian le plus fort.

Ce groupe ne comprend que trois espèces : car, nous rangeant à l'opinion de Faber et de Graba, et quoiqu'il nous en coûte de nous séparer de celle de Thienemann, nous n'admettons ni le Guillemot à gros bec ou Arra (*Uria arra*) Pallas, ni le Guillemot de Brünnich (*Uria Brunnichii*, Sabine), comme espèces distinctes, ne les considérant que pour des variétés locales du Troile, ainsi que le suivant, dont nous nous bornons à donner la figure comme comparaison.

PL. 3. — GUILLEMOT BRIDÉ.

Uria Ringvia (Brünnich).

PL. 4. — GUILLEMOT A CAPUCHON.

Uria troïle (Latham, *ex* Linn.). — *Colymbus troïle* (Linn., 1766).

Il a la tête et le cou d'un noir brun de suie velouté ou d'un noir profond, avec un trait de même couleur derrière l'œil, descendant, en formant une courbe, sur les côtés du cou ; le dessus du corps de même couleur ; le dessous, d'un blanc pur, entaillant le bas de la face antérieure du cou, avec les flancs marqués de larges taches longitudinales noires ; les ailes pareilles au manteau ; les rémiges secondaires terminées de blanc ; la queue noire. Le bec est noir cendré en dehors, jaune vif en dedans ; les tarses et les doigts sont d'un brun jaunâtre antérieurement ; la face postérieure et la membrane interdigitale noires ; l'iris est brun roussâtre. C'est une des plus fortes espèces, sa taille mesurant de quarante-deux à quarante-trois centimètres.

Il habite principalement les mers glaciales, mais il descend cependant bien plus bas vers le sud.

Très commun aux îles Féroë, sa véritable patrie, d'après Graba, il se répand, l'hiver, le long de la Baltique, des côtes de la Hollande, de la Belgique et de la France, jusqu'à Bayonne. Toutefois, comme l'Alque, il est sédentaire sur plusieurs points des côtes de l'Angleterre et de la France. Ainsi on le rencontre toute l'année sur les îles de la Manche, sur nos côtes et nos îles du golfe de Gascogne.

Il se reproduit en grand nombre aux Aiguilles d'Étretat, à dix-huit kilomètres de Fécamp, dans les falaises de Jambourg, à Aurigny, quelquefois dans le Boulonnais, sur toutes les côtes et les îlots de la Bretagne, enfin dans les rochers près de Douvres.

L'œuf du Guillemot à capuchon, gros et piriforme, ou ovoïconique, varie beaucoup en couleurs, et passe par de nombreuses nuances, du blanc pur au vert foncé : la plupart sont capricieusement mouchetés et garnis de dessins si multipliés, noirs, ou bruns, ou roussâtres, qu'ils défient toute description. Ils ont de quatre-vingts à quatre-vingt-dix millimètres de grand diamètre sur quarante-huit à cinquante-deux de petit.

PL. 4. — GUILLEMOT A MIROIR.

Uria grylle (Lath., *ex* Linn.).— *Colymbus grylle* (Linn., S. n., 1766). — *Uria minor* (Briss., Orn., 1760).

Il est entièrement d'un noir profond, avec les moyennes couvertures supérieures des ailes et la moitié terminale des grandes secondaires d'un blanc pur formant miroir. Le bec est noir en dehors, rouge en dedans ; l'iris, d'un brun foncé ; les pieds sont d'un rouge vif. La taille est de trente-trois à trente-quatre centimètres.

Contrairement aux habitudes du Guillemot à capuchon et de l'Alque, les Guillemots à miroir ne s'attachent pas à un lieu spécial, mais s'établissent, pour la saison, partout où ils trouvent des commodités appropriées à leurs besoins. On peut s'attendre à les rencontrer là où existent des fentes dans les rochers, ou de grands monceaux de blocs avec des trous dans leurs interstices.

Ce Guillemot est de passage irrégulier sur les côtes de France, et notamment sur celles de nos départements septentrionaux, où on l'a rencontré quelquefois en mai ou en novembre.

Les œufs, sur un fond cendré clair, ou verdâtre ou bleuâtre, quelquefois d'un jaune ocreux assez prononcé, offrent le même système de maculature que ceux de l'espèce précédente.

MM. Evans et Sturge ont trouvé de ces Guillemots couvant sur des rochers jusqu'à un ou deux milles au milieu des terres.

Après cette espèce, la plus petite est celle dont nous allons parler, dont quelques auteurs ont fait le type d'un groupe à part, sous le nom de Mergules, que nous n'adoptons point, pour ne pas compliquer la méthode. Il restera pour nous, comme pour Brisson et Temminck :

PL. 5. — LE GUILLEMOT NAIN.

Uria minor (Briss., Orn., 1760). — *Alca alle* (Linn., S. n., 1766). — *Mergulus alle* (Vieillot, N. dict., 1816).

Il se distingue principalement des Guillemots qui précèdent, par son bec très court, épais, renflé, convexe et aussi haut que large. A part cela, vrai Guillemot.

Quant au plumage, la tête, le cou, le dessus du corps et les sus-caudales sont d'un noir profond; l'abdomen et les sous-caudales d'un blanc pur; les petites et les moyennes couvertures pareilles au manteau; les scapulaires noires, et bordées de blanc pour la plupart, soit sur les deux côtés, soit sur un seul; la queue est noire. Le bec est également noir; l'iris noirâtre; les tarses et les doigts sont d'un brun jaunâtre, avec les palmatures brun verdâtre. Il mesure à peine vingt-quatre centimètres.

Le Guillemot nain habite les régions polaires des deux mondes, et paraît être plus commun en Amérique qu'en Europe.

En Europe, le Guillemot nain est de passage irrégulier sur les côtes maritimes de France, où il se montre ordinairement en automne, dans les hivers rigoureux, ou après un ouragan, comme aux États-Unis. Ce qui démontre que les circonstances de son apparition sont exactement les mêmes, c'est qu'on le rencontre assez souvent mort ou mourant sur les plages après une tourmente. La tempête le pousse même parfois très avant dans l'intérieur des terres : c'est ainsi qu'un individu mâle, d'après J. Ray, a été tué, vers 1860, dans le département de l'Aube.

Ses mœurs sont les mêmes que celles de tous les Guillemots.

Il niche dans les trous de rochers ; pond un seul œuf gris azuré, ou vert sale très clair, le plus ordinairement sans taches, quelquefois avec de petites taches rougeâtres, principalement au gros bout. Il mesure, de grand diamètre, quarante-cinq à quarante-huit millimètres ; et, de petit, trente à trente-deux.

4ᵉ FAMILLE

FRATERCULINÉS. — Fraterculinæ.

Les oiseaux de cette famille nous offrent, dans nos études sur l'organe rostral, le premier exemple d'un bec anormal, quant à la forme typique qu'on s'en représente ordinairement. Imaginons, avec l'abbé Bexon, deux lames de couteau très courtes, appliquées l'une contre l'autre par le tranchant, nous aurons le bec des Macareux. La pointe du bec est, chez les espèces dont nous allons nous occuper, non cannelée transversalement, comme nous l'avons vu pour le Pingouin et l'Alque, mais garnie de trois ou quatre petits bourrelets plus ou moins saillants. Les deux mandibules étant réunies, sont presque aussi hautes que longues et forment, sauf leur courbure du dessus et du dessous, un triangle à peu près isocèle. Cette forme de bec, quel qu'en soit le rapport imparfait avec celui du Perroquet, leur a valu, de la part des marins, le nom de *Perroquets de mer*. C'est bien en effet, moins la pointe crochue, le bec de ces derniers, mais comprimé du sommet de la tête au menton, de façon à ne former qu'une plaque ; véritable masque.

Ces oiseaux, essentiellement marins, ont les plus grands rapports d'organisation et d'habitudes, sauf leur mode de nidification, avec les Pingouins, les Alques et les Guillemots.

Ils ne forment qu'un seul groupe générique.

GROUPE GÉNÉRIQUE UNIQUE
MACAREUX, *FRATERCULA* (Brisson).

Bec aussi haut ou plus haut que long, très élevé, et presque comprimé latéralement, atteignant trente-huit millimètres de haut sur quarante-quatre le long des commissures; sillons des mandibules obliques, formant angle à leur point de rencontre, mais ne remontant pas jusqu'à l'arête du bec; un bourrelet très saillant et demi-tubulaire longeant toute la base de la mandibule supérieure; le premier bourrelet voisin des narines plus large que les autres; rosace membraneuse des commissures très large; deux revers cornés entièrement adhérents aux paupières; narines très étroites, linéaires, percées de part en part dans une peau nue; ailes aiguës; queue courte, légèrement arrondie sur les côtés, excédant les ailes de trois à quatre millimètres; tarses plus courts que le doigt médian; minces, réticulés, avec quelques scutelles peu larges vers le milieu de la face antérieure; ongles des doigts externe et médian falciformes, celui du doigt interne très arqué; palmatures pleines et étroites.

Tous les Macareux, sans exception, se pratiquent des terriers et nichent en terre. Deux espèces seules appartiennent à l'Europe.

PL. 5. — MACAREUX-MOINE.

Fratercula arctica (Leach., 1816). — *Alca arctica* (Linn , 1766). — *Mormon fratercula*
(Temm., 1815).

Mâle adulte : sommet de la tête, toutes les parties supérieures
et un large collier entourant le cou d'un noir profond lustré ;
rémiges d'un brun noirâtre ; joues, large bande au-dessus des
yeux d'un gris très clair ; poitrine, ventre et les autres parties
inférieures d'un blanc pur. Bec d'un cendré bleuâtre à la base,
jaunâtre dans le milieu et d'un rouge vif à la pointe ; mandibule
supérieure marquée de trois sillons, l'inférieure, de deux ; iris
blanchâtre ; les yeux entourés d'une sorte de bourrelet membraneux de couleur rouge ; pieds d'un rouge orangé. Taille de trente-
quatre à trente-cinq centimètres.

Habite les régions polaires des deux mondes ; en hiver et au
printemps, de passage périodique sur les côtes de Norwège, d'Angleterre, de Hollande et de France, où il se reproduit ; surtout
dans les îles Féroë, et autres îles voisines ; nulle part plus abondant qu'aux Hébrides, surtout à Saint-Kilda. Aussi forment-ils
la principale nourriture des habitants pendant tout l'été. On
prend, sur un seul écueil des îles Féroë, jusqu'à deux mille quatre
cents de ces oiseaux dans une saison.

Niche dans des trous en terre ; le sol, dans certains lieux que
fréquentent ces oiseaux, est tellement léger et facile à creuser,
que beaucoup de leurs nids s'étendent dans une longueur d'un ou
deux mètres, quoiqu'ils ne soient pas à plus de quelques centimètres de la surface ; et que souvent même ces labyrinthes y sont
multipliés au point qu'il est impossible d'y marcher sans courir
le risque d'enfoncer ou de tomber à chaque pas. Le fond de chaque
galerie se termine en une espèce de chambre en forme de four
où se trouvent les œufs.

Le Macareux ne pond jamais qu'un œuf, à moins que le premier n'ait été brisé ou enlevé, et il n'élève qu'un petit chaque
saison.

Ajoutons, ce dont on ne se douterait guère, que les Macareux offrent parfois de singulières anomalies de coloration. M. G. Gray rapporte en avoir examiné deux, tués par des chasseurs : l'un était d'une magnifique robe isabelle, l'autre entièrement noir; tous deux sans aucune tache. La dernière variété vient, presque tous les étés, montrer à Ailsa son superbe plumage.

PL. 6. — MACAREUX A CROISSANTS.

Fratercula corniculata (Brandt, 1837). — *Mormon corniculata* (Naum., 1821).

Le mâle et la femelle adultes, en été, portent la livrée suivante: tout le dessus de la tête, du front à l'occiput, d'un gris brun lie de vin, limité sur les côtés par une teinte plus foncée; un large collier complet embrassant le cou et remontant en avant jusqu'au menton, d'un noir lustré sur les faces postérieures et latérales du cou, d'un noir mat sur le devant de cette région, nuancé de cendré à la gorge et au menton; dessus du corps, des ailes, sus-caudales, d'un noir lustré comme le dessus du cou; un trait noirâtre de l'angle postérieur de l'œil à la nuque; côtés de la tête et toutes les parties inférieures, à partir du collier, d'un blanc pur ou lavé de jaunâtre; rémiges brunes, entièrement liserées d'un noir lustré; rectrices d'un noir lustré en dessus, noirâtres en dessous; bec d'un orange rougeâtre de la base au premier sillon, d'un rouge brun à l'extrémité; rosace en bourrelet des commissures jaune orange; bords libres des paupières et protubérance charnue qui surmonte l'œil, jaunes; iris blanchâtre. La taille varie de trente-six à trente-huit centimètres.

Le Macareux à croissants habite les mers du pôle arctique jusqu'aux limites glaciales : il est commun au Spitzberg, au Groënland, au Kamtschatka et à Terre-Neuve. J. de Lamotte a eu occasion de le tuer en Norwège, où il n'est pas rare. Il a les mêmes habitudes et le même mode de nidification que l'espèce précédente.

2ᵉ SOUS-ORDRE

LES OISEAUX NAGEURS

NATATORES

Après les oiseaux impennes ou plongeurs, les oiseaux nageurs et voiliers. Non que ceux-ci ne quittent jamais l'eau, bien au contraire, mais ils n'y plongent pas ou à peine : c'est leur élément de station et de repos; c'est en même temps leur réservoir et leur ressource d'alimentation. Ces oiseaux jouissent enfin, dans toute sa plénitude, de la double faculté de nager et de voler.

Ce sous-ordre comprend trois tribus :

Les Grands Voiliers ;

Les Plongeons ;

Et les Totipalmes ou Pélicans.

1re TRIBU

LES GRANDS VOILIERS OU LONGIPENNES
Longipennes.

Autant nous avons vu la nature avare, dans la répartition du système alaire, chez les groupes qui précèdent, autant elle s'en va montrer généreuse, jusqu'à la prodigalité, dans ceux qui vont suivre.

Mais, ici, les grands Voiliers qui comprennent, en Europe, les Pétrels et les Hirondelles de mer, deviennent, sinon les auxiliaires de l'homme, du moins les auxiliaires de la création, pour l'assainissement des eaux et de leurs rives, où séjournent en grand nombre les cadavres d'animaux morts, tels que amphibies, cétacés, etc., sans parler de ceux de ces pauvres Macareux; et, par suite, pour l'entretien de la salubrité de l'air respirable; ce sont, en un mot, les oiseaux de proie, les rapaces des mers. L'aspect seul du bec de plusieurs d'entre eux, des Pétrels, par exemple, dénote cette destination.

A l'inverse des Manchots, des Pingouins, les oiseaux de cette division jouissent, en général, d'un système d'organisation robuste et approprié au vol de longue haleine. Les Pétrels ont des ailes aiguës, effilées; leurs muscles sont terminés par d'épais tendons qui leur permettent d'exécuter des trajets immenses sur la pleine mer; leurs pieds, largement palmés, leur facilitent les moyens de se reposer sur les vagues; leur vue perçante rend inévitable la perte du poisson dont ils sont avides, qu'ils saisissent, non en plongeant comme les oiseaux précédents, mais en rasant la surface des flots. Les navigateurs rencontrent fréquemment ces oiseaux à des distances inouïes de toute terre, et ce n'est que rarement qu'on les voit dépasser les limites ou les zones qu'ils habitent de préférence.

Il convient, dans cette tribu, de distinguer deux familles :

Les Pétrels ou Procellarides,

Et les Lariides ou Goëlands.

Ire FAMILLE

LES PÉTRELS. — Procellariinæ.

Nous adoptons, pour les Pétrels, la division proposée par Temminck, mais en l'appliquant au rebours, selon notre système, c'est-à-dire en *Pétrels-Hirondelles*, qui en sont les plus petites espèces ; en *Pétrels-Puffins*, et en *Pétrels proprement dits*, les plus forts de tous.

Nous rencontrons ici la première application d'un principe, que nous avons déjà posé et développé ailleurs, à savoir que toutes les grandes coupes ornithologiques ont leurs oiseaux diurnes et leurs oiseaux nocturnes ou crépusculaires. Ainsi, les Pétrels de nos deux premières sections sont les crépusculaires de ceux de la troisième.

Pourvus de longues ailes et munis de pieds palmés, ils ajoutent à l'aisance et à la légèreté du vol, à la facilité de nager, la singulière faculté de courir et de marcher sur l'eau, en effleurant les ondes par le mouvement d'un transport rapide, dans lequel le corps est horizontalement soutenu et balancé par les ailes, où les pieds frappent alternativement et précipitamment la surface de l'eau. C'est de cette marche sur l'eau que vient le nom *Pétrel* ; il est formé de *Peter*, *Pierre*, ou de *Pétrill*, *Pierrot* ou *Petit-Pierre*, que les matelots anglais ont imposé à ces oiseaux, en les voyant courir sur l'eau comme l'apôtre saint Pierre y marchait.

Les espèces de Pétrels sont nombreuses, quoique l'on n'en compte que sept ou huit en Europe. Ils ont tous les ailes grandes et fortes ; cependant, ils ne s'élèvent pas à une grande hauteur, et communément ils rasent l'eau dans leur vol.

Le bec est articulé et paraît formé de quatre pièces, dont
deux, comme des morceaux sus-ajoutés, forment les extrémités
des mandibules; il y a de plus, le long et en dessus de la mandibule supérieure, près de la tête, deux petits tuyaux ou rouleaux
couchés, dans lesquels sont percées les narines. Par sa conformation totale, ce bec semblerait être celui d'un oiseau de proie,
car il est épais, tranchant et crochu à son extrémité.

Au reste, cette forme du bec n'est pas entièrement uniforme
dans tous les Pétrels; et ce sont ces différences dont on a tiré les
caractères propres à établir les trois divisions que nous y indi-
quons. En effet, dans plusieurs espèces, la seule pointe de la
mandibule supérieure est recourbée en croc; la pointe de l'inférieure, au contraire, est creusée en gouttière et comme tronquée
en manière de cuiller, et ces espèces sont celles des Pétrels proprement dits.

En outre, les bords des mandibules sont tranchants, doubles
ou garnis à l'intérieur de lamelles transverses, présentant deux
dents à la réunion du crochet et du bord de la mandibule supérieure. Ce nom de *dents* a été donné, par Hombron et Jacquinot,
à deux lames longues et tranchantes chez quelques espèces,
courtes et coniques chez d'autres, et dont la présence, la forme
ou l'absence doivent, selon eux, modifier le genre de nourriture
chez les différents individus. Ainsi, tandis qu'elles manquent complètement dans quelques espèces, chez d'autres, tels que le Pétrel-
Fulmar, en Europe, et le Pétrel géant, en Océanie, ces dents
courtes et coniques font l'office de véritables canines, en même
temps que les lames dures, cornées, qui garnissent tout le bord
de la mandibule supérieure, peuvent être assimilées avec raison à
des molaires.

Mais il y a mieux, chez les Pétrels, que ces molaires prétendues;
c'est la constitution toute particulière de la membrane muqueuse
de l'estomac, laquelle est parsemée de saillies cornées faisant
l'office de dents pour la macération des aliments.

Toute la famille est composée d'oiseaux plus ou moins demi-
nocturnes, qui chassent et pourvoient à leur subsistance au cré-

puscule et à l'aurore, surtout pendant les nuits éclairées des régions boréales. Le jour, ils se cachent habituellement parmi les fentes des rochers, dans les cavernes, ou dans les terriers de lapins ou d'autres animaux fouisseurs. Ils font entendre de ces trous une voix désagréable que l'on prendrait le plus souvent pour le croassement d'une grenouille.

Leur ponte n'est pas nombreuse; ils nourrissent et engraissent leurs petits en leur dégorgeant dans le bec la substance, à demi-digérée et déjà réduite en huile, des poissons dont ils font leur principale et peut-être leur unique nourriture. Mais une particularité dont il est très bon que les dénicheurs de ces oiseaux soient avertis, c'est que, quand on les attaque, la peur ou l'espoir de se défendre leur fait rendre l'huile dont ils ont l'estomac rempli : ils la lancent au visage et aux yeux du chasseur; et comme leurs nids sont le plus souvent situés sur des côtes escarpées, dans des fentes de rochers à une grande hauteur, l'ignorance de ce fait a coûté la vie à quelques observateurs, tel qu'en 1761 à M. Campbel.

Les Pétrels se subdivisent en trois sous-familles :

Pétrels-Hirondelles, ou Thalassidromes ;

Pétrels-Puffins ;

Et Pétrels proprement dits.

1re SOUS-FAMILLE

LES PÉTRELS-HIRONDELLES ou THALASSIDROMES. — Procellariinæ.

Ce sont, comme nous l'avons dit, les plus petits de la famille, ceux auxquels, de préférence, on a donné le nom d'oiseaux de tempêtes, pour leur habitude d'avoir l'air de se jouer de la fureur des vagues et des vents, alors qu'ils ne profitent du bouleverse-ment et de la confusion de ces éléments que pour y pâturer les mollusques et autres productions ramenés à la surface des flots par cette agitation; au surplus, par le fait même de la coïncidence . de leur apparition avec tous les présages de la tempête, devenus la terreur des matelots. Ils ne renferment qu'un

GROUPE GÉNÉRIQUE UNIQUE

THALASSIDROME , *THALASSIDROMA* (Vigors , 1825).

Ils ont le plumage généralement sombre, les formes grêles, avec l'aile étroite et allongée, rappelant celle des hirondelles, d'où leur nom. Du reste, bec moitié plus court que la tête, très crochu ; narines en saillie à la base du bec, formant deux tubulures réunies par un seul orifice, et séparées intérieurement par une cloison très mince ; ailes étroites, aiguës, allongées, la seconde rémige dépassant la première ; queue courte, arrondie ; tarses longs et très grêles.

Une seule espèce, que nous allons décrire, appartient à l'Europe.

PL. 7. — THALASSIDROME-TEMPÊTE.

Thalassidroma pelagica (Selby, 1831). — *Procellaria pelagica* (Linn., 1760).

Mâle et femelle adultes : d'un brun noirâtre sur la tête, le cou et le dos ; couvertures supérieures de la queue blanches, avec la pointe noirâtre ; toutes les parties inférieures du corps d'un noir fuligineux, à l'exception des plumes latérales du bas-ventre, qui sont blanches, et la plupart noirâtres à l'extrémité ; grandes couvertures supérieures des ailes et bord externe des rémiges secondaires ordinairement bordés de blanchâtre, ou d'un noir de suie ; rémiges primaires d'un noir profond ; moyennes couvertures inférieures de l'aile blanchâtres ; rectrices de la couleur des ailes, avec les latérales blanchâtres à la base, sur les barbes internes et externes, le rachis étant noir ; le bec et les pieds sont

noirs, et ceux-ci mesurent vingt et un à vingt-deux centimètres
de longueur ; l'iris est brun-noir. Taille de quinze centimètres.

Cet oiseau de tempête vole avec une singulière vitesse au
moyen de ses longues ailes, et il sait trouver des points de repos
au milieu des flots tumultueux et des vagues bondissantes, comme
dit de Montbeillard ; on le voit se mettre à couvert dans le creux
profond que forment entre elles deux hautes lames de la mer
agitée, et s'y tenir quelques instants, quoique la vague y roule
avec une extrême rapidité. Dans ces sillons mobiles des flots, il
court comme l'Alouette dans les sillons des champs. D'où le
nom qu'on lui a appliqué d'*Oiseau de saint Pierre*, ou encore, toujours dans le langage des matelots, faisant allusion à quelque
conte de sorcellerie maintenant oublié, de *Poulet de la mère Cary*.
Le nom lui-même d'oiseau de tempête, quoique donné indistinc-
tement à plusieurs autres espèces, joint à leur couleur presque
toujours d'un noir enfumé avec plus ou moins de blanc, en a en-
gendré d'autres provenant des mêmes croyances, tels que celui
d'*Oiseau-Diable* du père Labat, celui de *Diablotins* des colons de
la Guadeloupe et de Saint-Domingue, celui de *Satanique* de nos
matelots, et enfin d'*Alma de Maestro* des Espagnols.

Fondées ou non, ces croyances, de même origine, ont existé
de tout temps, existent encore, on le voit, et existeront toujours.
La superstition si naturelle des marins à leur endroit la rend
poétique, en dépit même du scepticisme de la science, et peut-être
sont-ils dans le vrai.

Le Pétrel-Tempête, que ces légendes rendent si intéressant,
est répandu sur toutes les mers de l'Europe.

Très commun aux îles Féroë, et passant pour acquérir beaucoup de graisse en certaines saisons, les habitants en profitent,
au rapport de Brünnich, pour s'en servir en guise de lampe, en
faisant passer une mèche de la bouche à l'anus de l'oiseau, et y
mettant le feu.

Le Pétrel-Tempête se reproduit en assez grand nombre sur
plusieurs îles de la Bretagne, notamment sur l'île Rougie, près de
Morlaix, et sur l'île des Glenans. Il se reproduit aussi sur les

Îles qui avoisinent Marseille et sur d'autres points de la Méditerranée.

D'après le capitaine Loche, il se trouve sur les côtes de Provence où, dès le mois d'avril, il vaque immédiatement à sa reproduction. Cet observateur a rencontré des œufs de cette espèce. depuis le mois de mai jusqu'au mois de septembre, et il a vu des petits du commencement de juin aux premiers jours d'octobre. Très probablement l'espèce a plusieurs pontes dans la saison, ce qui expliquerait, selon Gerbe, une aussi longue période de reproduction ; et ce qui seul, à notre avis, explique également l'innombrable quantité de ces oiseaux sur certains points de l'Océan. C'est dans un trou de rocher, plus ou moins profond, et sans préparation aucune, que la femelle pond un seul œuf d'un blanc mat, avec de très petits points de brun rougeâtre très rapprochés au gros bout en forme ordinairement de couronne ; cet œuf est assez court, également épais des deux bouts, c'est-à-dire elliptique, et mesure vingt-sept à vingt-huit millimètres de grand diamètre, et vingt et un à vingt-deux du petit.

PL. 7. — THALASSIDROME DE LEACH.

Thalassidroma leucorhou (Gerbe, *ex* Vieillot). — *Procellaria leucorhoa* (Vieill.). — *Procellaria Leachi* (Temm.). — *Thalassidroma Leachi* (Ch. Bonap.).

Mâle et femelle adultes : toutes les parties de la tête et du corps d'un noir mat ; côtés de l'abdomen et couvertures du dessus de la queue blancs, avec les baguettes ou rachis bruns ; rémiges et queue, qui est fourchue, noires : bec et pieds noirs. Longueur totale : environ vingt centimètres.

Habite les Orcades, où l'espèce a été trouvée par le docteur Leach, vers 1820, à Terre-Neuve ; assez commun dans l'île de Saint-Kilda ; fréquent sur plusieurs points de l'Europe ; paraît à la suite de tempêtes en France, sur l'Océan et la Méditerranée.

Vit sur les lacs salés et sur les bords de la mer. Se nourrit d'insectes et de petits poissons qu'il saisit à la surface des eaux.

sans jamais y plonger, et toujours tenant les ailes déployées lorsque des pieds il touche l'eau.

Niche sur les mêmes bords, dans des trous de rats et dans les fentes des rochers, où il reste en embuscade et presque constamment ; pond seulement un œuf de forme elliptique, d'un blanc pur et mat avec une couronne de très petits points brun rougeâtre sur l'un des bords ; cet œuf mesure de trente-trois à trente-cinq millimètres dans un sens, et de treize à quatorze dans l'autre.

2ᵉ SOUS-FAMILLE

LES PÉTRELS-PUFFINS. — Puffinæ.

Ils forment un groupe générique sous le nom de :

Puffin, *Puffinus*, BRISSON.

Procellaria, LINN.

La manière de vivre des Pétrels-Puffins ne diffère pas sensiblement de celle des Pétrels-Hirondelles ; ils ne se distinguent les uns des autres que par les narines, par la longueur du bec, qui dépasse celle de la tête ; par une queue médiocre, le plus souvent arrondie ; et des tarses de la longueur du doigt médian.

Ils sont, de même que les précédents, oiseaux nocturnes, qui chassent au crépuscule, et se cachent une partie du jour dans les trous des rochers, ou dans les tannières des lapins et des rats, et ne sortent de ces retraites que sous l'influence des ouragans si fréquents dans les parages qu'ils habitent.

Cinq espèces seules appartiennent à l'Europe.

PL. 8. — LE PUFFIN CENDRÉ (G. Cuvier, 1820).

Puffinus cinereus (Gerbe, 1867). — *Procellaria-Puffinus* (Temm., 1820). —
Procellaria cinerea (Kuhl, 1820).

Mâle et femelle adultes : tête, nuque et dos d'un cendré clair : scapulaires, ailes et queue d'un cendré noirâtre ou couleur d'ardoise ; rémiges d'un noir profond ; côtés du cou et de la poitrine ondés d'un cendré très clair, toutes les autres parties inférieures d'un blanc pur ; bec jaunâtre, à pointe brune ; iris noirâtre ; pieds d'un jaune livide. Taille : quarante-neuf centimètres.

Ce Pétrel, qui s'étend d'un pôle à l'autre, habite en Europe depuis le Groënland jusqu'à la Méditerranée, et se trouve dans les mers de la Provence, en Corse, en Sicile, en Sardaigne, dans l'Adriatique, dans l'archipel Grec, sur les côtes de la Barbarie ; très commun enfin dans toute la région maritime des îles Canaries, où il niche dans les grottes de la côte.

Il se reproduit sur les îles qui avoisinent Marseille, Toulon, Hyères ; niche dans les trous des rochers, et pond sur le sol, sans aucune préparation, un œuf gros, assez court, à coquille mate, d'un blanc pur et sans taches, ou d'un blanc lavé de grisâtre, dont les dimensions sont de soixante-dix millimètres environ de grand diamètre sur quarante-sept pour le petit diamètre.

PL. 9. — PUFFIN MAJEUR.

Puffinus major (Faber).

Mâle et femelle, en été : tête d'un cendré noirâtre ; dos, sous-caudales, couvertures supérieures des ailes et scapulaires brun noir, chaque plume bordée de cendré ; gorge, cou, poitrine d'un blanc pur ; rémiges et rectrices noirâtres ; bec noir, moins foncé en dessus ; iris brun ; pieds d'un gris blanchâtre, avec les ongles jaunâtres. Taille : soixante-deux centimètres.

Habite l'océan Atlantique, principalement l'Islande et l'Amérique boréale, au Labrador, à Terre-Neuve, où les pêcheurs le prennent par milliers; l'Afrique occidentale et australe; se montre accidentellement en Angleterre et sur plusieurs points des côtes de l'Europe occidentale.

Nourriture et propagation inconnues, mais évidemment les mêmes que chez le précédent.

Beaucoup plus commune, en Europe surtout, est l'espèce suivante :

PL. 10. — LE PUFFIN DES ANGLAIS.

Puffinus Anglorum (Ray, 1713). — Pétrel Manks (Temm., 1820). — *Procellaria Anglorum* (id).

Mâle et femelle adultes : dessus et côté de la tête, dessus du cou et tout le reste des parties supérieures d'un brun noir lustré ; dessous du cou et du corps d'un blanc pur, avec les côtés de la région anale et les barbes externes des sous-caudales latérales d'un brun noirâtre ; bas du cou, sur les côtés, varié de taches noirâtres en croissants ; ailes et queue de la couleur du manteau ; bec brun noirâtre, surtout à base de la mandibule inférieure ; iris brun noir ; pieds jaunâtres ou d'un jaune livide, avec la face postérieure des tarses et le doigt externe d'un brun noirâtre plus ou moins foncé, et les palmures veinées de brun. Taille : trente-cinq centimètres.

Très commun aux îles Féroë, il habite en grand nombre aux îles de Saint-Kilda, de Man, dans toutes les Orcades et le long des côtes d'Angleterre, où il est commun, ainsi qu'en Irlande ; et assez souvent sur nos côtes occidentales de l'Océan.

Nidification et ponte comme les précédents : un seul œuf d'un blanc pur et sans taches, mesurant cinquante-sept millimètres dans un sens et quarante dans l'autre.

C'est par milliers que les habitants des Orcades et des côtes du Nord de l'Écosse les salent pour s'en nourrir l'hiver.

2ᵉ SOUS-FAMILLE

LES PÉTRELS PROPREMENT DITS.—Procellariæ.

Les Pétrels proprement dits se distinguent des Puffins notamment par le prolongement du tube nasal, qui est près de la moitié de la longueur du bec. Du reste, mêmes habitudes en tout, à l'exception d'une modification dans leur vol, qu'ils exécutent presque toujours en planant ; enfin même multiplication et même agglomération des individus dans les lieux de leurs retraites. Ce sont, en outre, les plus diurnes de tous.

La sous-famille n'est représentée que par un seul groupe générique, lequel ne fournit lui-même qu'une espèce à l'Europe.

GROUPE GÉNÉRIQUE UNIQUE
PÉTREL, *PROCELLARIA* (Linn.).

Son bec est, par sa force, le plus formidable de tous ceux dont sont armés les membres de la famille : plus court que la tête, il est épais, sinueux en dessus jusqu'à la pièce cornée qui le termine, laquelle se relève en un renflement robuste retombant en croc à l'extrémité ; mandibule supérieure garnie sur son bord interne de lamelles courtes et obliques ; mandibule inférieure creusée en gouttière, tronquée subitement et formant un angle à son extrémité ; narines réunies en un seul orifice tubulaire, couché horizontalement sur la mandibule dont il occupe la moitié, et séparées intérieurement par une mince cloison ; ailes allongées, suraiguës, la première rémige la plus longue ; queue courte et légèrement arrondie ; tarses robustes, épais, courts, de la longueur à peine du doigt médian, réticulés ; les trois doigts réunis par de larges palmures entières ; ongles peu larges, recourbés, creusés en dessous ; pouce remplacé par un ongle très aigu, épais, court et conique.

D'après ce qu'en dit le docteur Martin, dans son *Voyage à Saint-Kilda*, de 1698, cet éperon lui servirait à se tenir ferme et à s'ancrer à la peau glissante des baleines vivantes, sur le dos desquelles il aimerait à pâturer.

PL. II. — PÉTREL GLACIAL.

Procellaria glacialis (Linn.).

Il a la tête et le cou d'un blanc pur ; le dessus du corps d'un cendré bleuâtre, les sus-caudales, le dessous du corps et les

sous-caudales d'un beau blanc; les couvertures supérieures des
ailes d'un cendré bleuâtre un peu plus foncé que celui du manteau; les rémiges d'un brun cendré : la queue colorée en dessus
comme le dos. mais d'une teinte plus claire : le bec est jaune
teinté d'orange sur le tube nasal; l'iris brun, et les pieds sont
nuancés de bleuâtre et de jaune. Sa taille est de quarante-trois
à quarante-cinq centimètres.

Il est aussi commun au nord de l'Europe que dans l'Amérique
septentrionale; se trouve sur les côtes d'Écosse et d'Angleterre;
assez abondant aux Orcades et aux Hébrides; mais innombrable
à Saint-Kilda, ainsi que nous l'apprend Mac-Gillivray.

Ce Pétrel est le plus remarquable des oiseaux qui abondent
aux Hébrides, ce refuge de presque tous les oiseaux de mer de
l'Europe.

2ᵉ FAMILLE

LARIINÉS. — Lariinæ (Leach, 1816).

La progression se poursuit, lentement il est vrai, mais d'une
manière constante. Les oiseaux dont nous allons esquisser l'histoire, tout en étant organisés pour la sustention aquatique, le sont
également pour la station terrestre et horizontale, par suite de
l'insertion plus centrale de leurs membres inférieurs; et, au su-
prême degré. pour la suspension aérienne par le développement
de leurs membres antérieurs; ils sont enfin plus exclusivement
diurnes que les précédents.

Tous ces oiseaux. qui ont la même organisation, et presque
les mêmes habitudes, ne diffèrent entre eux que par diverses modifications dans la forme du bec et dans celle de la queue. Pourtant. si tous sont plus ou moins piscivores, quelques-uns se font.
à leurs moments, insectivores.

Ils se divisent en trois grandes sous-familles :

    Les Sterninés ;

    Les Larinés ;

    Et les Lestridiens ou Stercoraires.

LES STERNINÉS ou HIRONDELLES DE MER. — Sterninæ (Ch. Bonap., 1838).

Parmi les Laridés, on a plus spécialement donné le nom d'Hirondelles aux plus petites espèces, dont le bec est plus ou moins droit, effilé en pointe, sans dentelures et aplati sur les côtés. Ces oiseaux, en effet, par leurs longues ailes, leur queue généralement fourchue, et par leur vol constant à la surface des eaux, représentent assez bien, sur la plaine liquide, selon l'expression de l'abbé Bexon, les allures des hirondelles de terre dans nos campagnes et autour de nos habitations. Non moins agiles et aussi vagabondes, les Hirondelles de mer rasent les eaux d'une aile rapide, et enlèvent en volant les petits poissons qui sont à fleur d'eau, comme nos Hirondelles saisissent les insectes. Leurs pieds sont palmés, c'est-à-dire garnis de petites membranes retirées entre les trois doigts antérieurs, le pouce restant libre, qui leur servent peu pour nager ; car il semble que la nature n'ait confié ces oiseaux qu'à la puissance de leurs ailes, qui sont extrêmement longues et échancrées comme celles de nos hirondelles. Ils en font le même usage pour planer, cingler, plonger dans l'air, en élevant, rabaissant, coupant, croissant leur vol de mille et mille manières, suivant que le caprice, la gaieté, ou l'aspect de la proie fugitive dirige leurs mouvements, ce qui leur fait donner par les marins le nom de *Croiseurs*.

La sous-famille ne forme elle-même qu'un seul et unique groupe générique.

GROUPE GÉNÉRIQUE UNIQUE

HIRONDELLES DE MER ou STERNES, *STERNA* (Linn.)

Bec de la longueur de la tête, très comprimé, plus haut que large, légèrement incliné jusqu'à l'extrémité des deux mandibules finement terminées en pointe; narines basales, latérales, oblongues; ailes aussi longues ou plus longues que la queue, qui est également allongée et généralement fourchue; tarses courts, minces, de la longueur du doigt médian; doigts courts et grêles; membranes interdigitales échancrées, pouce libre; ongle du doigt médian le plus fort et le plus recourbé.

Quoique vouées fatalement au vol, la brièveté de leurs pieds n'interdit pas aux Sternes l'accès et le contact du sol, ne fût-ce que pour nicher; ce qu'elles font par colonies sur tous les points où elles abordent; peu portées à s'avancer en haute mer, quoique répandues dans toutes les parties du monde, elles fréquentent de préférence les côtes, les embouchures des fleuves et les étangs; en revanche, elles pénètrent assez avant parfois dans les terres. Toutes sont de nature criarde et vorace.

Dix espèces appartiennent à l'Europe.

PL. 12. — HIRONDELLE DE MER NAINE ou MINULE.

Sterna minuta (Linn.). — *Sternula minuta* (Boié, 1822).

Mâle adulte. front blanc; sommet et derrière de la tête noirs, avec deux traits de la même couleur posés sur les yeux en forme de sourcils; le reste du cou, le dos, le croupion et les couvertures de l'aile d'un joli cendré: cette teinte plus foncée sur les trois grandes couvertures des ailes les plus éloignées du corps ; gorge, bas du cou, poitrine, ventre, flancs et pennes de la queue d'un blanc aussi éclatant que la neige ; les trois premières pennes noirâtres, avec la plus grande partie du côté intérieur blanche ; les dix-huit suivantes plus ou moins cendrées extérieurement, et blanches sur le côté intérieur ; les quatre plus proches du corps du même cendré que les scapulaires ; ailes, pliées, s'étendant jusqu'à près de deux centimètres au delà du bout de la queue, qui en a neuf de longueur ; bec rouge teint de noir à la pointe ; iris noir ; pieds rougeâtres, ou d'un orange terne. Sa taille est de vingt-deux centimètres.

Cette Hirondelle, la plus petite de nos espèces d'Europe, habite aussi l'Afrique, et se rencontre jusque dans l'archipel Indien et en Australie, et même fort avant dans le nord.

Elle est de passage régulier sur les côtes septentrionales de la France pendant les mois de mai et d'août ; l'on en voit beaucoup sur le canal de Mardick, près de Dunkerque. Elle n'est pas rare dans le Midi, le long du Rhône, et fréquente aussi les bords de la Loire.

Quelques couples se reproduisent dans le midi de la France ; c'est par colonies qu'elle se propage. C'est au surplus une des espèces qui s'avancent ou s'égarent le plus souvent dans les terres, puisqu'on la retrouve, pour ainsi dire, aux abords de Paris, sur les étangs de Saclé, près Versailles, où elle niche elle-même fréquemment, et d'où Flor. Prévost en rapportait des œufs chaque année.

Elle niche au milieu des îlots ou au bord des marais ou des lacs, sur le sable ou entre les petits galets amassés par les eaux, et pond deux ou quatre œufs, qui varient du gris jaunâtre au verdâtre plus ou moins intense, avec des points noirs ou brunâtres, et quelques-uns de violacés : ils mesurent de trente et un à trente-trois millimètres de grand diamètre, sur vingt-trois à vingt-quatre de petit.

Sa nourriture se compose principalement d'insectes d'eau, de frai, de vers marins, et souvent de petits poissons. Si elle guette ces derniers. quand ils sont à la surface de l'eau, on la voit, dit Crespon, se soutenir, à une certaine hauteur. par des battements d'ailes précipités puis, tout à coup, elle se laisse tomber et s'empare de sa proie avec une subtilité étonnante, et cela, quoiqu'on ne soit séparé d'elle que par une faible distance.

PL. 12. — HIRONDELLE DE MER PIERRE-GARIN.

Sterna hirundo (Linn.).

Une des espèces les plus communes de notre Europe est l'Hirondelle de mer proprement dite, à laquelle nous conservons le nom vulgaire de *Pierre-Garin*, qu'elle a reçu des habitants de la côte de Picardie, et qui est resté dans les livres.

Mâle adulte : front, sommet de la tête et plumes allongées de l'occiput d'un noir profond; partie postérieure du cou, dos et ailes d'un cendré bleuâtre ; parties inférieures d'un blanc pur, à l'exception de la poitrine légèrement nuancée de cendré; rémiges d'un cendré blanchâtre, terminées de brun cendré; queue blanche, sauf les deux pennes latérales d'un brun noirâtre à l'extérieur; bec d'un rouge cramoisi, souvent noirâtre à la pointe; iris brun rougeâtre; pieds rouges. Sa taille varie de trente-trois à trente-sept centimètres.

Au retour du printemps, ces Hirondelles arrivent en grandes troupes sur nos côtes maritimes.

Ce sont des oiseaux aussi vifs que légers, des pêcheurs hardis et adroits.

Baillon a eu plusieurs Pierre-Garins dans son jardin, où il ne put les garder longtemps, à cause de l'importunité de leurs cris continuels, même pendant la nuit. Ces oiseaux, captifs, perdent d'ailleurs toute leur gaieté : faits pour s'ébattre dans les airs, ils sont gênés à terre : leurs pieds courts s'embarrassent dans tout ce qu'ils rencontrent.

Ces détails de mœurs et de ponte peuvent s'appliquer au plus grand nombre des Hirondelles de mer.

PL. 13. — HIRONDELLE DE MER ARCTIQUE.

Sterna paradisea (Brünn.). — *Sterna hirundo* (Linn.). — *Sterna arctica* (Temm.).

Mâle et femelle adultes : front, sommet de la tête et plumes allongées de l'occiput d'un noir profond ; tout le reste des parties supérieures coloré comme chez le Sterne Pierre-Garin, c'est-à-dire d'un cendré bleuâtre, mais généralement plus foncé ; parties inférieures, gorge et devant du cou du même cendré foncé ; très petite partie de l'abdomen, couvertures inférieures de la queue et une bande au-dessous des yeux d'un blanc pur ; queue très fourchue, comme chez le Pierre-Garin, mais un peu plus longue ; bec d'un rouge de laque ; iris brun ; tarses et doigts très courts, d'un beau rouge. Taille de trente-sept à trente-huit centimètres.

Habite les régions du cercle arctique ; commune aux Orcades, se montre sur les côtes d'Écosse, d'Angleterre et de la Hollande ; de passage régulier sur celles du nord de la France, et s'éloigne dans la Méditerranée.

Se nourrit de poissons.

Niche sur les plages maritimes ; pond trois ou quatre œufs, variant du jaune d'ocre au roux clair, recouverts de nombreuses taches de forme irrégulière, de couleur brun noir, et d'un gris bleuâtre ou ardoisé, le plus souvent réunies au gros bout. Ils mesurent de quarante-quatre à quarante-cinq millimètres sur trente ou trente-deux.

PL. 13. — HIRONDELLE DE MER DE DOUGALL.

Sterna Dougallii (Montagu, 1823).

Mâle adulte : sommet de la tête et toute la nuque d'un noir profond ; dos, scapulaires et ailes d'un cendré clair bleuâtre ; côtés du cou et toutes les parties inférieures d'un blanc légè-

rement teinté de rose, première rémige d'un cendré brunâtre
en dehors, les autres d'un cendré velouté avec une bande longitudinale blanche sur les barbes internes ; queue d'un cendré
bleuâtre clair, comme le dessus du corps, avec les pennes latérales très longues et subulées, dépassant les ailes de six à huit
centimètres ; bec noir ; iris brun foncé ; pieds rouge orange.
Taille de trente-six à trente-sept centimètres.

Très commun sur toutes les côtes d'Angleterre, particulièrement sur celles d'Écosse ; se trouve aussi sur celles de Norwège,
et probablement, selon Temminck, sur les bords de la mer Baltique.

Visite les côtes septentrionales de l'Océan. Se reproduit sur
celles de la Picardie, où J. de Lamotte, d'Abbeville, en a trouvé
des couples nichant en compagnie, dans les mêmes lieux que des
Pierre-Garins ; se reproduit également en grand nombre dans
les îles de la Bretagne, notamment dans celles dites *Iles aux
Dames.*

Ils nichent, suivant les localités, ou sur le sable plus ou
moins encavé, ou parmi les rochers, et pondent trois ou quatre
œufs, d'un gris jaunâtre ou roussâtre, parsemés de taches arrondies, plus confluentes au gros bout, de couleur noire et grise,
ou simplement piquetés de ces deux couleurs. Ces œufs ont de
quarante à quarante-trois millimètres de grand diamètre sur
trente à trente et un de petit.

PL. 14. — HIRONDELLE DE MER CAUGEK.

Sterna Cantiaca (Gmelin, 1788).

Mâle adulte : front, dessus de la tête, y compris les plumes allongées de la nuque, d'un beau noir ; bas de la nuque blanc ; dessus du
corps cendré bleuâtre ; bas du dos, joues, côtés du cou et toutes les
parties inférieures d'un blanc pur, teinté de rose à la poitrine et
à l'abdomen ; couvertures supérieures des ailes pareilles au manteau ; rémiges cendrées en dehors, blanches en dedans ; queue

3

blanche, avec l'extrémité cendrée ; bec noir, jaune d'ocre à la pointe ; iris brun noir ; pieds noirs en dessus, jaunâtres en dessous. Taille de quarante-deux à quarante-trois centimètres.

Répandue sur une grande étendue des côtes maritimes du globe ; très commune sur celles de France, de Belgique, ainsi que dans les îles de la Nord-Hollande ; rare dans l'intérieur des terres.

Se nourrit et niche comme les espèces pécédentes ; pond deux ou trois œufs d'un roux clair, ou d'un blanc laiteux lavé de jaunâtre avec de grandes et petites taches noires, gris violet ou gris pâle, entremêlées ; il mesure de cinquante à cinquante-deux millimètres pour le grand diamètre, et trente-cinq à trente-sept pour le petit.

PL. 14. — HIRONDELLE DE MER HANSEL.

Sterna Anglica (Montagu, 1813). — *Sterna araneu* (Wilson, 1808).

Mâle adulte : front, sommet de la tête et toute la nuque couverts de longues plumes d'un noir profond ; dessus du corps d'un cendré bleuâtre un peu plus clair que chez la Sterne Pierre-Garin ; bas des joues, gorge, devant et côtés du cou, et tout le dessous du corps d'un blanc argentin, à reflets cendrés sur les flancs ; rémiges d'un cendré à reflets, avec les pointes brunes ; queue semblable au manteau ; bec et pieds noirs ; iris brun foncé. Taille : trente-trois à trente-quatre centimètres.

Habite les régions chaudes et tempérées de toutes les parties du monde.

En Europe, elle habite la Turquie, les bords de la mer Noire, certaines parties marécageuses de la Hongrie, du Danemark, de l'Allemagne septentrionale où elle se reproduit, et se montre accidentellement de passage en Angleterre, en Belgique et dans le nord de la France.

Elle pond trois œufs d'un gris jaunâtre ou verdâtre sale, couverts de petites taches irrégulières brun roussâtre et gris violet.

Sa nourriture consiste en gros insectes, libellules et phalè-
nes, qu'elle prend au vol, ainsi qu'en menus poissons.

PL. 15. — HIRONDELLE DE MER TSCHEGRAVA.

Sterna Caspia Pallas, 1769.

Mâle adulte : front, sommet de la tête et les longues plumes
de l'occiput d'un noir profond ; derrière du cou blanc argentin ;
dessus du corps et couvertures supérieures d'un beau cendré
bleuâtre clair ; bas du dos et sus-caudales blancs ; tout le dessous du corps d'un blanc pur, avec une teinte argentée sur les
côtés du cou et de la poitrine ; rémiges d'un brun cendré ; queue
d'un cendré blanchâtre ; bec d'un rouge vermillon, la pointe
brun jaunâtre ; iris d'un brun jaune ; pieds noirs. Taille de cinquante-cinq centimètres.

C'est la plus grande des espèces habitant l'Europe.

Habite les bords de la mer Baltique, et les îles de ce golfe ; se
reproduit en Danemark ; plus rare sur les grands fleuves de
l'Allemagne ; se montre accidentellement en Angleterre, en Belgique, en Hollande et sur quelques points tant du nord que du
midi de la France, et paraît commune sur les bords de la mer
Caspienne, où Pallas l'a découverte et observée.

D'après le docteur Baldamus, elle niche en très grandes
bandes dans les dunes, sur le sable nu, à peu de distance de la
mer, et jamais dans les roseaux. Ses œufs, au nombre de deux
ou trois, sont très gros, à fond blanc jaunâtre sale, ou café au
lait clair, marqués de nombreuses taches arrondies brun noir,
ou brun roux, entremêlées d'autres lilacées. Ils mesurent de
soixante à soixante-sept millimètres de grand diamètre, et quarante-deux à quarante-quatre du petit.

D'après Morris, l'incubation dure une vingtaine de jours : et
les jeunes, ce qui est remarquable et presque une exception, chez
les Sterniens, courent bientôt après l'éclosion, et sont nourris
de petits poissons par leurs parents.

PL. 16. — HIRONDELLE DE MER ÉPOUVANTAIL.

Hydrochelidon fissipes (G.-R. Gray, *ex* Linn., 1849). — *Sterna fissipes* (Linn., 1766).

Mâle adulte : tête, cou d'un noir tirant sur le cendré; dessus du corps et sus-caudales d'un brun cendré; poitrine, abdomen d'un noir cendré un peu moins foncé que le dessus de la tête ; région anale et sous-caudales blanches ; ailes pareilles au manteau, avec les rémiges d'une teinte plus cendrée en dehors, queue au-dessous semblable au dos. Bec noir, avec les commissures rouges, iris d'un noir bleuâtre; pieds d'un brun rouge. Taille : vingt-quatre à vingt-six centimètres environ.

Habite l'Europe, l'Afrique et l'Amérique septentrionales.

Elle est très répandue en France. Se voit régulièrement en avril, mai, août et septembre dans les départements du Nord, du Centre et de l'Est. On en apporte quelquefois par douzaines, dit Degland, sur les marchés de Lille et de Douai. Il paraît qu'elle est plus commune encore dans le Midi, puisque, d'après Crespon, c'est par masse de cinq cents qu'elle apparaît sur le marché de Nîmes.

Cette espèce couve par bandes, dans les marais ou sur le bord des étangs marécageux, et pose son nid, grossièrement fait avec des herbes sèches, parmi les roseaux, ou sur les grandes feuilles de nénuphar qui flottent sur l'eau.

La ponte est de quatre ou cinq œufs olivâtres ou d'un roux obscur, ou d'un gris roussâtre, et marqués de taches irrégulières, brunes et noires, entremêlées souvent d'autres taches ou points de teinte cendrée. Ils mesurent de trente-quatre à trente-six millimètres de grand diamètre sur vingt-cinq de petit.

La Sterne-Épouvantail est très vive et très gaie; elle vole sans relâche, se nourrit de mouches et autres insectes à ailes qui voltigent à sa portée, ou les saisit au passage; elle rase l'onde d'un vol rapide, ou s'y laisse tomber d'aplomb, et enlève à sa surface les petits poissons ou toute autre substance qui y flotte.

C'est l'*Hirondelle de mer à tête noire*, ou *Gachet* et la *Guiffette noire*, ou *Épouvantail* de Buffon.

PL. 16. — HIRONDELLE DE MER GUIFFETTE

Hydrochelidon nigra (G.-R. Gray, *ex* Linn.). — *Sterna nigra* (Linn.).

Mâle adulte : tête, cou, haut du dos et moitié postérieure des scapulaires d'un noir cendré, sus-caudales blanches, poitrine et la plus grande partie de l'abdomen du même noir que la partie supérieure du corps; bas-ventre et sous-caudales d'un blanc pur; petites et moyennes couvertures supérieures des ailes blanches, les plus grandes et les rémiges secondaires d'un cendré noirâtre, avec la pointe la plus foncée et la tige blanche; queue d'un blanc pur. Bec et pieds rouges de corail; iris noir. Taille : vingt-quatre centimètres.

Cette Sterne, qu'on appelle aussi Guiffette noire, habite l'Europe méridionale, le nord de l'Afrique, et une grande partie de l'Asie, jusqu'au Kamtschatka.

Elle fréquente les baies et les golfes des bords de la Méditerranée, du midi de la France et de l'Adriatique; très commune aux environs de Gibraltar; visite aussi les lacs, les rivières et les marais des pays au delà des Alpes: tout aussi commune sur les lacs de Lucarno, de Lugano, de Côme-d'Isco et de Garde; de passage sur celui de Genève, jamais en Hollande. Elle arrive dans les marais des environs de Nîmes vers la fin d'avril.

Même mœurs, mêmes habitudes, même amour des insectes et même mode de nidification que l'Épouvantail; on peut presque en dire autant de ses œufs, qu'elle pond au nombre de trois ou quatre, très variables pour la teinte du fond, toujours plus ou moins brunâtre, olivâtre ou verdâtre, avec des taches noires ou brunes très accusées, auxquelles s'en joignent d'autres moins répandues, d'un gris vineux ou cendré: ils mesurent de trente-six ou trente-neuf millimètres de grand diamètre sur vingt-huit ou vingt-neuf de petit.

PL. 17. — HIRONDELLE DE MER MOUSTAC.

Hydrochelidon hybrida (G.-B. Gray, *ex* Pallas, 1812). — *Sterna hybrida* (Pallas, 1812).
Sterna leucopareia (Nattérer-Temm.).

Mâle adulte : dessus de la tête et du cou noir intense ; dessus du corps d'un gris cendré ; gorge, bas des joues d'un blanc plus ou moins pur ; devant et côtés du cou et haut de la poitrine d'un blanc nuancé de cendré ; abdomen cendré noirâtre, avec la région anale d'un teinte cendrée très claire ; sous-caudales blanches ; couvertures supérieures des ailes pareilles au manteau ; queue en dessous, du même cendré que le dos, avec la penne latérale blanche. Bec et pieds rouges ; iris noir. Taille : vingt-six centimètres.

Cette espèce, découverte par Nattérer, vers 1820, dans les parties méridionales de la Hongrie, a été trouvée, après lui, par Temminck, dans les marais, près de Capo-d'Istria et sur les côtes de la Dalmatie ; peu après, J. de Lamotte en vit une seule fois quelques individus dans un marais sur les côtes de Picardie, sur lesquels il en tua trois, dont un fut par lui envoyé à Vieillot qui, le croyant nouveau, lui donna le nom de Lamotte, en 1828.

Elle est de passage régulier dans le midi de la France, où elle se reproduit, et accidentel dans le nord ; niche dans les marais ; se nourrit comme les précédentes.

Quant aux œufs, ils sont d'un verdâtre clair, quelquefois lavé de jaunâtre, tachetés et piquetés de noir, ainsi que de gris cendré et de violet. Ils mesurent de trente-neuf à quarante millimètres de grand diamètre sur vingt-sept à vingt-huit de petit.

2ᵉ SOUS-FAMILLE

LARINÉS ou GOËLANDS. — Larinæ (Ch. Bonap.).

Les Lariens ou Larinés comprennent les plus fortes espèces de toute la famille des Laridés. Ils se distinguent des Sterniens par la force de leur bec crochu, laquelle est presque égale à celle du bec des Pétrels, sauf que, de la base à la pointe, à part sa forme subulée, il est tout d'une pièce.

On a voulu les subdiviser en Mouettes et Goëlands, qui ne font qu'un seul et même groupe sous deux noms différents.

On n'en compte pas moins aujourd'hui de quatre-vingts espèces, dont la taille varie de cinquante centimètres à un mètre.

Tous ces oiseaux sont également voraces et criards ; on peut dire que ce sont, sur une moindre échelle que les Pétrels, les Vautours, ou plutôt les Corbeaux de la mer : ils la nettoyent des cadavres de toute sorte qui flottent à sa surface ou qui sont rejetés sur ses rivages ; aussi lâches que gloutons, ils n'attaquent que les animaux faibles et ne s'acharnent que sur les corps morts. Ce qui ne les empêche pas cependant, à l'occasion, de se mettre au régime végétal, et de pâturer en troupes dans l'intérieur des terres, en dévorant les grains nouvellement ensemencés.

Entre eux-mêmes, on les voit se battre pour la curée ; de plus, lorsqu'ils sont renfermés, et que la captivité les aigrit, ils se blessent sans motif apparent, et le premier dont le sang coule devient la victime des autres ; car alors leur fureur s'accroît, et ils mettent en pièces le malheureux qu'ils avaient blessé sans raison.

Les Mouettes et les Goëlands ont également le bec tranchant, allongé, aplati par les côtés, avec la pointe renforcée et recourbée en croc, et un ongle saillant à la mandibule inférieure. Ces caractères, plus apparents et plus prononcés dans les Goëlands, se marquent néanmoins dans toutes les espèces de Mouettes ; et c'est même ce qui les sépare des Hirondelles de mer, qui n'ont ni le croc à la pointe supérieure du bec ni la saillie à l'inférieure. De plus, les Mouettes n'ont pas la queue fourchue, mais pleine ; leur jambe, ou plutôt leur tarse, est fort élevée. Tous, Goëlands et Mouettes, ont les trois doigts engagés par une palme pleine, et le doigt de derrière dégagé, mais très petit ; leur tête est grosse, ils la portent presque entre les épaules, soit qu'ils marchent, ou qu'ils restent au repos. Ils courent assez vite sur les rivages, et volent encore mieux au-dessus des flots : leurs longues ailes qui, lorsqu'elles sont pliées, dépassent la queue, et la quantité de plumes dont leur corps est garni, les rendent très légers, d'où le proverbe : *Léger comme une Mouette.* Ils sont aussi fournis d'un duvet épais, dont on fait beaucoup usage en Hollande.

Ils fréquentent les îles et les contrées voisines de la mer, dans tous les climats. Les voyageurs les ont rencontrés partout. Dans les mers glaciales, on les voit réunis en grand nombre sur les cadavres de baleines; ils s'attachent à ces masses de corruption sans en craindre l'infection; ils y assouvissent à leur aise leur voracité, et en tirent en même temps l'ample pâture qu'exige la gourmandise innée de leurs petits.

Ces oiseaux déposent à milliers leurs œufs et leurs nids jusque sur les terres glacées des deux zones polaires, soit sur la roche nue, soit exceptionnellement même sur les arbres; ils ne les quittent pas en hiver et semblent attachés au climat où ils se trouvent.

On leur donne, sur l'Océan, le nom de *Mauves* ou *Miaules*, celui de *Gabians* sur la Méditerranée, d'où la dénomination latine de *Gavia*, et, plus spécialement sur les côtes de Bretagne, celui de *Canias.*

Cette sous-famille ne forme qu'un seul groupe générique.

GROUPE GÉNÉRIQUE UNIQUE

GOÉLAND, *LARUS* (Linn.).

Bec long ou médiocre, plus court que la tête, fort, dur, comprimé, tranchant, courbé vers la pointe, qui est crochue, la mandibule inférieure formant un angle saillant ; narines latérales, longitudinalement fendues au milieu du bec, étroites, percées de part en part ; ailes longues, pointues, suraiguës, la première rémige la plus longue ; queue généralement carrée, parfois fourchue ou échancrée ; tarses de la longueur du doigt médian, de médiocre grosseur, scutellés en devant, genou dégarni de plumes, doigts antérieurs unis jusqu'à la naissance des ongles par une membrane entière ; pouce libre, son ongle arrivant au niveau du talon, quelquefois réduit à un simple tubercule, pourvu d'un ongle faible ; les ongles des autres doigts légèrement infléchis et pointus.

Quinze espèces appartiennent à l'Europe.

PL. 18. — GOÉLAND BOURGMESTRE ou A MANTEAU GRIS.

Larus glaucus (Brünnich, 1764).

Mâle adulte : tête et cou d'un blanc pur ; dessus du corps d'un cendré bleuâtre clair ; dessous d'un blanc éclatant ; ailes pareilles au manteau, avec le quart postérieur des rémiges primaires, leurs baguettes dans toute leur étendue, et l'extrémité des secondaires blancs ; queue d'un blanc pur. Bec jaune citron, avec son angle inférieur et le bord des paupières rouges ; iris jaune ; pieds livides. Taille de soixante-douze centimètres.

Il habite les côtes de l'Europe et de l'Amérique septentrionales, celles du Groënland et du Spitzberg, et visite, en hiver, des pays plus tempérés.

Il se montre irrégulièrement et en petit nombre sur les côtes maritimes de Dunkerque, toujours mêlé à une grande bande de Goëlands à manteau noir et de Goëlands gris, que nous allons décrire.

Il se nourrit de poissons, et principalement de sardines, du moins durant son séjour sur nos côtes.

Il niche sur les rivages escarpés de la mer, et de préférence sur les endroits garnis de graminées.

De quelque façon qu'il niche, il pond deux ou trois œufs à fond brun jaunâtre clair, ou d'un rouge olivâtre, varié de taches isolées, rondes ou punctiformes, les unes d'un brun noir, les autres d'un gris ou d'un lilas plus ou moins foncé. Ils mesurent de quatre-vingt-trois à quatre-vingt-cinq millimètres pour le grand diamètre, et de cinquante et un à cinquante-trois pour le petit.

Cette espèce vit très longtemps en captivité, de vingt-cinq à trente ans.

PL. 19. — GOELAND A MANTEAU NOIR.

Larus marinus (Linn.). — *Dominicanus marinus* (Bruch, 1853).

Mâle adulte : tête et cou d'un blanc parfait; dos et scapulaires d'un noir profond ardoisé, ces dernières terminées de blanc; parties inférieures du corps et sous-caudales d'un blanc pur; ailes pareilles au manteau, avec les rémiges terminées de blanc et les primaires noires au bout; queue entièrement blanche. Bec livide, avec une teinte jaune en dessus et aux bords de chaque mandibule, d'un rouge orange vif à l'angle de la mandibule inférieure; bord libre des paupières du même rouge orange; partie nue des jambes, tarses et doigts d'un blanc livide bleuâtre, avec la membrane interdigitale moins foncée, offrant un réseau vasculaire tirant sur le violet; ongles noirs; iris gris jaunâtre. Il mesure soixante-dix centimètres. C'est la plus forte de toutes les espèces d'Europe.

Ce Goëland est propre à l'Europe, à l'Asie et à l'Amérique septentrionales.

Il habite les rivages de la mer, qu'il ne quitte qu'accidentellement ; très abondant aux Orcades et aux Hébrides ; commun à son double passage sur les côtes de Hollande, de France et d'Angleterre. C'est par grandes bandes qu'il passe, pendant les mois de septembre, octobre et décembre, dans le nord de la France, sur les côtes de l'Océan.

Il paraît plus rare sur celles de la Méditerranée, dans nos provinces méridionales, où l'on ne rencontre le plus souvent que de jeunes individus. Ce sont également des jeunes qui se rendent en Italie et en Sicile durant l'hiver. On ne le voit presque jamais, ou très accidentellement, dans l'intérieur des terres ou sur les eaux douces.

Il niche sur des tas de mousse et de plantes marines qu'il accumule sur les rochers, et auxquelles sont ajoutées quelques plumes ; y pond trois œufs qui sont ou gris cendré, ou brun olivâtre, parsemés presque régulièrement de taches plus ou moins arrondies, ou déchiquetées, tantôt d'un brun roux, tantôt d'un noir profond : ils mesurent soixante-dix-huit à quatre-vingts millimètres de longueur, sur cinquante-quatre à cinquante-sept de largeur.

Brünnich, à l'aide d'Audubon, donne des détails curieux sur la voracité naturelle de ce Goëland, qui est si carnassier et si vorace, qu'il avale des poissons plats presque aussi larges que son corps, et prend avec la même avidité toute sorte de nourriture, excepté les végétaux, même les charognes les plus corrompues ; mais préfère la chair crue, les poissons frais, les jeunes oiseaux, ou les petits quadrupèdes, lorsqu'il peut s'en procurer, tels que taupes, rats, etc.

La longévité de cet oiseau doit être extraordinaire : elle paraît être égale à celle du Goëland à manteau gris. Audubon en a connu un qui était tenu en captivité depuis plus de trente ans.

En raison même de cette aptitude à la domestication, il devient familier et, abandonné à sa liberté d'emprunt, il ne laisse pas pour cela, à l'époque soit des passages, soit de la reproduction, de quitter le domicile de son maître, et, après des intervalles plus ou moins longs d'absence, d'y revenir, le plus souvent seul, parfois accompagné d'un jeune; puis, comme si rien d'insolite n'avait eu lieu, reprendre de lui-même ses habitudes domestiques, en retrouvant ses compagnons de jardin et d'habitation.

C'est le *Goëland varié* ou *Grisard* de Buffon.

PL. 20. — GOËLAND BRUN ou A PIEDS JAUNES.

Larus fuscus Linn.). — *Leneus fuscus* (Kaup, 1829). — *Clupeilarus fuscus*
(Ch. Bonap., 1857).

Mâle adulte : tête, cou, poitrine, abdomen, queue en entier d'un blanc pur; dessus du corps et couvertures supérieures des ailes d'un noir ardoisé, avec les scapulaires terminées de blanc; rémiges noires : la première, quelquefois la deuxième, portant une tache blanche vers le bout, les suivantes terminées par un très petit liseré, et les secondaires par une large bordure de la même couleur. Bec jaune citron, avec l'angle inférieur rouge vif; bord libre des paupières rouge orange; iris jaune clair; pieds d'une teinte un peu jaunâtre. Taille de cinquante-deux centimètres.

Les individus de cette espèce habitent l'Europe septentrionale et Occidentale, et se retrouvent en Amérique. Dans les mers du Nord, ils vivent, comme le Goëland à manteau noir, des cadavres des cétacés.

Il niche sur les bords de la mer, parmi les rochers et dans les dunes; construit négligemment un nid avec des brins secs de zoostère marine, d'herbe et de mousse, auxquels sont parfois mêlées quelques plumes; et pond deux ou trois œufs à fond jaunâtre, d'un roux sale ou d'un gris clair, parsemés plus ou moins régulièrement de taches, les unes d'un gris bleuâtre, les autres d'un brun noir, mélangées quelquefois de traits ou zigzags. Ils mesurent de soixante-quatre ou de soixante-six millimètres de grand diamètre, et de quarante-cinq ou quarante-six de petit.

C'est le *Noir-Manteau* de Buffon (Pl. enl., 990), et le Goëland à pieds jaunes, de Temminck.

PL. 21 ET 22. — GOÉLAND ARGENTÉ ou A MANTEAU BLEU.

Larus argentatus (Brünn., 1764). — *Larus argentaloides* (Brehm-Audubon).

Mâle adulte en été : tête, cou, parties inférieures, croupion et queue d'un blanc pur; dos et ailes d'un gris perlé ou bleuâtre clair, avec le bord de celles-ci et l'extrémité de toutes les rémiges blancs; les six premières rectrices d'un noir brunâtre vers le bout, la première portant une tache blanche. Bec jaune, avec une grande tache carmin vers le bout de la mandibule inférieure; bord des paupières également jaune; iris blanc d'argent; pattes couleur de chair. Taille : soixante-deux centimètres.

Tels sont les vieux de troisième année.

Il habite les parties septentrionales et orientales de l'Europe, et toute l'année les côtes maritimes de Hollande, de Belgique et de France; très abondant sur les îles au nord de la Hollande; se montre sur les lacs d'eau douce, sur les rivières; même, quoique accidentellement, sur les lacs de Suisse, où l'on ne voit le plus souvent que les jeunes; les vieux sont également rares sur la Méditerranée.

Une partie émigre vers la fin de l'automne, et se rend dans les contrées méridionales. A l'approche de l'hiver, il se montre en très grandes bandes sur les côtes de Dunkerque; il y est moins nombreux au printemps.

D'après Gerbe et Degland, il se reproduit dans les hautes falaises de Dieppe, où Hardy l'a observé et tué bien souvent; sur beaucoup d'autres points des côtes de la Manche, sur celles de Bretagne, aux îles Aurigny, Jersey. Ouessant, Belle-Ile, etc.

Pond deux ou trois œufs variant beaucoup. de même que chez

tous les Goëlands, de forme et de couleur. Ils sont d'un roux plus ou moins foncé ou lavé d'olivâtre, avec des taches irrégulièrement disposées, généralement de forme arrondie, d'un gris lilacé ou d'un brun noirâtre, et mesurant de soixante-dix à soixante-seize millimètres de grand diamètre, et de quarante-neuf à cinquante-trois pour le petit.

Il se prête facilement à la domestication et reste un hôte fidèle des lieux où on l'élève et des personnes qui le soignent.

Il se nourrit de petits poissons, de crabes et d'astéries qu'il recueille à marée basse, auxquels il joint aussi des oursins.

Son vol est aussi vigoureux que celui du Goëland à manteau noir, mais plus souple, quoique ayant la même grâce.

C'est le *Goëland à manteau gris et blanc* de Buffon.

PL. 23. — GOËLAND LEUCOPTÈRE ou AUX AILES BLANCHES.

Larus leucopterus (Faber, 1820). — *Leucus leucopterus* (Ch. Bonap., 1857).

Mâle adulte : tête, cou, dessous du corps et queue d'un blanc très pur ; dessus du corps et ailes d'un cendré bleuâtre clair ; rémiges entièrement blanches. Bec brun à la base, jaune vers la pointe ; iris jaune ; pieds jaunâtres. Taille : cinquante-quatre centimètres.

Habite et se reproduit très abondamment dans toutes les régions arctiques, au Groënland, en Laponie, en Islande, aux îles Féroë, se montre de temps en temps sur les côtes d'Angleterre de Hollande et de France ; a été tué plusieurs fois sur les plages de Dunkerque et dans la baie de la Somme, d'où Berge en a vu deux individus envoyés aux marchés de Paris.

Se nourrit comme les espèces précédentes ; niche comme elles sur les rochers des bords de la mer, et pond deux ou trois œufs difficiles à distinguer, pour leur coloration, de ceux du Goëland argenté. Ils mesurent de soixante-dix à soixante-treize centimètres de grand diamètre, et de quarante-huit à cinquante du petit.

PL. 24. — GOÉLAND D'AUDOUIN.

Larus Audouini (Payraudeau, 1826). — *Glaucus Audouini* (Bruch, 1853). — *Gavina Audouini* (Ch. Bouap., 1857).

Mâle adulte : tête, cou et dessous du corps d'un blanc légèrement nuancé de rose tendre ; dessus du corps, couvertures supérieures des ailes et rémiges secondaires d'un cendré bleuâtre très clair ; rémiges primaires noires terminées de blanc, la première portant une tache de même couleur sur les barbes internes. Bec rouge sanguin, avec deux bandes transversales noires plus ou moins apparentes ; bord libre des paupières rouge ; pieds et palmures noirs. Taille : cinquante centimètres.

Habite la Méditerranée ; se voit sur les côtes de la Corse, de la Sardaigne, et plus rarement en Sicile ; commun sur les Golfes de Valinco et de Figaris à Porto-Vecchio, et à l'entrée des bouches de Bonifacio ; enfin Gerbe dit l'avoir fréquemment rencontré sur toute la côte ouest, depuis cette dernière localité jusqu'à Ajaccio.

Même mode de nourriture que les autres espèces.

Niche sur les rochers des bords de la mer. Pond trois ou quatre œufs variant, pour la couleur, du blanc jaunâtre au gris verdâtre, parsemés de taches brunes entremêlées d'autres de couleurs cendrée ou lie de vin. Ils mesurent de soixante-cinq à soixante-dix millimètres de grand diamètre, sur quarante-huit à cinquante de petit.

PL. 25. — GOÉLAND TÉNUIROSTRE.

Larus gelastes (Ch. Bouap.).

Mâle et femelle adultes, au printemps : tête, cou, poitrine, abdomen et sous-caudales d'un blanc pur, teinté de rose sur les deux dernières parties ; manteau, couvertures supérieures des ailes d'un cendré bleuâtre très clair ; queue et rémiges blanches, celles-ci terminées de noir. Bec rouge carmin ; bords libres des paupières et pieds d'un rouge orange. Taille : environ quarante centimètres.

Habite l'Europe orientale et l'Afrique septentrionale ; se trouve sur le littoral de la mer Caspienne, dans la Méditerranée, sur les côtes de la Sicile, de la Ligurie et de la Provence ; n'est pas rare, l'hiver, sur celles de la Barbarie, de la Basse-Egypte, en Tunisie et sur les rivages du Bosphore.

Se reproduit en France, à l'embouchure du Rhône, dans les vastes marais salins s'étendant d'Aigues-Mortes à Port-de-Bouc.

Niche sur une élévation de sable entourée d'eau salée. C'est là qu'en 1842, Crespon en découvrit les œufs, qu'il a fait connaître le premier, et dont il donne ainsi la description : gros comme ceux d'une poule, blancs, mais couverts d'un grand nombre de taches plus ou moins grandes, noires, noirâtres, brunes ou cendrées, plus concentrées sur le gros bout ; d'autres sont presque entièrement blancs, laissant à peine apparaître quelques taches cendrées et comme effacées. Les dimensions de ces œufs, d'après Gerbe, qui en possédait dans sa riche collection, sont de cinquante-quatre à cinquante-huit millimètres pour le grand diamètre, et de trente-neuf à quarante et un pour le petit.

Ce Goëland est le type du groupe *Gelastes* de Ch. Bonaparte.

PL. 26. — GOËLAND CENDRÉ.

Larus canus (Linn.).

Mâle adulte : tête, cou et dessous du corps d'un blanc pur , dessus du corps d'un cendré bleuâtre très pâle, avec l'extrémité des scapulaires blanche ; ailes pareilles au manteau, avec les rémiges primaires noires vers le bout, et un long espace blanc sur les deux premières ; rémiges secondaires terminées de blanc comme les scapulaires. Bec, jaune d'ocre, bouche ou commissure orange ; bord libre des paupières rouge vermillon ; iris brun noirâtre ; pieds jaune clair , nuancé de cendré bleuâtre. Taille : quarante-deux à quarante-trois centimètres.

Se trouve en Europe, dans l'Asie occidentale, en Afrique et même en Océanie ; c'est donc une des espèces les plus répandues sur le globe, quoiqu'on ne l'ait pas encore rencontrée en Amérique. Il habite principalement le Nord du continent en été ; il se répand en automne et en hiver sur les côtes maritimes de la Hollande, de la Belgique, de la France, de l'Italie et en Sicile. C'est l'espèce la plus commune aussi, dans ces deux saisons, sur la côte de Dunkerque, où elle est poussée par le vent du nord et du nord-ouest ; on l'y voit surtout à l'approche des tempêtes et des ouragans, où elle se répand en troupes dans les terres.

Connue en Picardie sous le nom de *Grande Emiaulle*, elle s'apprivoise plus difficilement que les autres ; et cependant, elle paraît moins farouche en liberté, ce que confirment les observations faites au South-Stack, cette grande falaise des côtes d'Irlande, ce quartier général de presque tous les oiseaux de mer d'Europe.

D'après Gerbe et Degland, le Goëland cendré se reproduit aussi sur les côtes et les rochers des environs de Cherbourg, et quelquefois dans le Boulonnais. Temminck dit qu'il se niche vers les régions arctiques, dans les herbes, près de l'embouchure des fleuves et des bords de la mer.

Ses œufs, au nombre de trois, sont d'une teinte ocracée blanchâtre ou verdâtre, avec des taches arrondies ou plus ou moins irrégulières, noires et cendrées. Ils mesurent de cinquante-trois à cinquante-sept millimètres de grand diamètre sur quarante à quarante et un de petit.

Même genre de nourriture que les autres espèces.

Il en existe une variété ou race blanche dont Pallas a fait son *Larus niveus*. On devrait donc donner à notre espèce le nom de *Goëland blanc*.

PL. 27. — GOËLAND TRIDACTYLE.

Larus tridactylus (Linn.). — *Gavia cinerea* (Brisson). — *Rissa Brunnichii* (Steph.).— *Rissa tridactyla* (Macgillivray, 1840).

Mâle adulte : en entier d'un blanc éclatant, avec le dos et les ailes d'un cendré bleuâtre un peu plus foncé que chez le Goëland cendré ; scapulaires et rémiges secondaires terminées de blanc ; première grande rémige bordée de noir en dehors, et terminée par un grand espace de cette couleur. Les trois suivantes terminées également de noir, et portant au bout une petite tache blanche ; la cinquième terminée de blanc et marquée d'une grande tache irrégulière noire. Mais on comprend combien cette répartition des deux couleurs est sujette à varier selon l'âge et les saisons. Bec d'un jaune verdâtre ; la commissure et le bord libre des paupières rouge orange ; iris brun ; pieds d'un brun olivâtre foncé ; au lieu du pouce, un moignon dépourvu d'ongle. Taille : trente-huit centimètres.

Temminck a dit que les individus de cette espèce n'étaient nulle part plus nombreux qu'en Islande où ils nichent, sans indiquer comment ni où ils installent leurs nids.

Mais les véritables lieux où les oiseaux de cette espèce établissent leurs colonies sont, d'après un rapport fort curieux et des plus instructifs de M. W. Dall, les parages des îles Aléoutiennes, cet archipel minuscule qui enceint au sud, comme d'un chapelet, la mer de Behring, dans l'Amérique russe.

Ce Goëland niche dans les régions du cercle arctique ; pond trois œufs d'un blanc olivâtre, marqués d'un grand nombre de taches et de points d'un brun noirâtre, et d'autres d'un gris cendré moins distinctes ; ils varient considérablement, on en trouve même d'un verdâtre pâle ou vert d'eau, sans aucune tache ; ils mesurent de cinquante et un à cinquante-six millimètres de grand diamètre sur trente-neuf à quarante et un de petit.

Il est commun sur les côtes maritimes du nord de la France,

en automne, et se montre, tantôt isolément, tantôt par petites
troupes dans les marais de l'intérieur, au printemps.

PL. 28. — GOÉLAND A CAPUCHON PLOMBÉ.

Larus atricilla (Linn.) — *Xema atricilla* (Boié, 1822). — *Gavia atricilla* (Macgill., 1850).
— *Atricilla Catesbai* (Ch. Bonap., 1856).

Mâle adulte : tête et parties supérieures du cou d'un noir de
plomb, avec une tache blanche au-dessus et au-dessous des yeux;
dessus du corps d'un brun cendré de plomb ; moitié inférieure
du cou, poitrine, abdomen et sous-caudales d'un blanc rosé ; couvertures supérieures des ailes et rémiges secondaires pareilles au
dos, ces dernières avec le bout blanc ; rémiges primaires entièrement noires; queue blanche. Bec et pieds d'un rouge laque foncé.
Longueur totale : quarante centimètres.

Habite en Europe les parties méridionales ; très commun
sur les côtes de Sicile, dans plusieurs îles de la Méditerranée, sur
les côtes méridionales d'Espagne, où l'a observé Natterer, notamment dans le détroit de Gibraltar, et probablement aussi,
suivant Temminck, dans l'Archipel; rare ou accidentel sur les
côtes de France et d'Angleterre. La même espèce est répandue
sur les côtes de l'Amérique septentrionale, où elle ne diffère pas
de celle d'Europe.

Il couve dans les marais, au voisinage des côtes. Ses œufs,
au nombre de trois, sont de couleur terreuse ou brun foncé,
légèrement marqués de petites taches irrégulières de pourpre et de
brun pâle; quelques-uns sont d'un brun encore plus foncé, avec de
marques plus larges de forme moins irrégulières que les autres ;
ils mesurent deux pouces un quart (anglais) sur un pouce et demi.

PL. 29. — GOÉLAND A PAUPIÈRES BLANCHES.

Larus leucophthalmus (Licht.).

Mâle adulte, plumage d'hiver : tête et haut du cou d'un brun
cendré ; bas de la nuque, poitrine, flancs et dessus des ailes d'une

teinte plus foncée ; manteau, scapulaires , dos et ailes couleur ardoise ; bout des pennes secondaires des ailes terminé par un grand espace blanc ; rémiges noires terminées de blanc à peine visible sur les trois premières ; milieu du ventre, abdomen, côtés du croupion et queue d'un blanc pur. Bec jaune rougeâtre à pointe noire ; iris blanc ; pied d'un jaunâtre terne. Longueur totale : quarante-deux centimètres.

Mâle et femelle, plumage d'été : toute la tête, partie de la nuque, toute la gorge et partie du devant du cou d'un noir plein, à l'exception de deux petites taches blanches au-dessus et au-dessous des yeux ; demi-collier d'un blanc pur couvrant la nuque et descendant en pointe sur les côtés du cou ; manteau, dos et couvertures ailaires, de couleur ardoisée. Bec couleur de corail, à pointe blanche ; pieds d'un jaune orange.

Habite accidentellement sur la Méditerranée ; vit en grand nombre sur les côtes de la Grèce ; visite régulièrement les parages du Bosphore ; et, selon Gerbe, habiterait aussi les côtes de la mer Rouge.

Niche sur les grèves sans aucune préparation, et pond deux ou trois œufs d'un blanc laiteux ou légèrement lavé de jaunâtre, parsemé de taches plus ou moins arrondies et irrégulières, d'un gris violet, vineux ou brun noirâtre. Ils mesurent de cinquante-quatre à cinquante-cinq millimètres d'un sens, et de quarante et un de l'autre.

C'est le type du groupe *Adelarus* de Ch. Bonaparte.

PL. 30. — GOËLAND BLANC ou SÉNATEUR.

Larus eburneus (Gmel.).

Mâle adulte : tout le plumage d'un blanc rose, qui passe au blanc le plus pur peu de temps après la mort. Bec fort, gros, et un peu moins long que la tête, d'un cendré bleuâtre à sa base, jaune d'ocre vers le milieu jusqu'à la pointe qui est d'un rouge vif, ainsi que le cercle nu des yeux iris brun ; pieds noirs. Longueur totale : trente-sept à trente-neuf centimètres.

Habite les régions arctiques des deux Mondes, les côtes d'Islande, du Spitzberg, du Groënland, la baie de Baffin, le cap Parry, et se montre accidentellement en Allemagne, en Angleterre, en France et même en Suisse.

Niche sur les rochers, et pond deux ou trois œufs d'un gris verdâtre pâle, ou d'un jaunâtre sale, avec des taches brunes et d'un brun noirâtre, entremêlées d'autres taches grisâtres et bleuâtres. Leurs dimensions sont de soixante-deux à soixante-six millimètres dans un sens, sur quarante-cinq à quarante-six dans l'autre.

On voit cette espèce moins en troupe que les autres.

C'est le type du groupe *Pagophila* de Kaup, qui ne repose guère que sur une différence dans les dimensions relatives du bec.

PL. 31. — GOÉLAND DE SABINE.

Larus Sabinei (Leach).

Mâle et femelle adultes, en été : tête et partie supérieure du cou noires ; manteau et couvertures supérieures des ailes d'un bleu cendré ; tout le dessous du corps à partir du noir du cou, y compris la queue, d'un blanc pur ; rémiges primaires noires avec le bout blanc. Bec noir à pointe jaune ; bord libre des paupières rouge ; iris et pieds noirs. Longueur totale : trente-cinq centimètres environ.

Habite les régions arctiques des deux Mondes ; de passage accidentel en Angleterre, en Allemagne et en France.

Niche sur les côtes du Groënland ; se nourrit d'insectes aquatiques et d'autres produits de la mer ; pond trois œufs d'un blanc ocracé ou olivâtre, couverts de nombreuses taches brunes entremêlées d'autres grisâtres ; ils mesurent quarante-trois millimètres sur trente.

PL. 31. — GOÉLAND RIEUR ou A CAPUCHON BRUN.

Larus ridibundus (Linn.) — *Gavia ridibunda* (Briss., 1760). — *Xema ridibundus*
(Boié, 1822).

Mâle adulte : tête, haut du cou d'un brun foncé tirant sur le
roussâtre, avec les paupières entourées de petites plumes blanches; le reste du cou blanc; dessus du corps d'un cendré très
clair; sus-caudales blanches; poitrine, abdomen et sous-caudales
blancs, teintés de rose; couvertures supérieures des ailes pareilles
au manteau; les quatre rémiges primaires blanches, terminées et
bordées en dedans de noir; queue blanche. Bec et pieds rouge
laque; iris brun foncé. Taille : trente-sept à trente-huit centimètres.

Est répandu et commun dans beaucoup de contrées de l'Europe, notamment en Ecosse; abondant en France, en toutes saisons, sur les côtes et les marécages du Languedoc et du Rous-
sillon; passe régulièrement sur les côtes de nos départements
septentrionaux en automne, et dans les marais et même sur les
grands cours d'eau de l'intérieur au printemps.

Ces Goélands sont très jolis, très propres et forts remuants;
ils mangent beaucoup d'insectes. On les voit, dit Baillon qui les
avait observés en Picardie, faire, durant l'été, mille évolutions
dans l'air, après les scarabées et les mouches; ils en prennent
une telle quantité que souvent leur œsophage en est rempli jusqu'au bec.

Ils suivent les rivières, la marée montante, et se répandent
à quelques lieues dans les terres. Ils prennent, dans les
marais, les vermisseaux, les sangsues, et, le soir, ils retournent
à la mer.

On a souvent remarqué aussi que cette espèce enlevait beaucoup de grains dans les champs ensemencés. M. Saint-John en a
tué, en Angleterre, un individu dont le jabot était rempli d'une
poignée d'orge et d'avoine, mêlée de vers de chenilles, etc.

La ponte est de trois œufs : ces œufs, variables comme fond

et couleur, sont, ou d'un gris pâle, d'un roux olivâtre, d'un brun jaunâtre, et même simplement blanchâtre, avec des taches brunes ou noires, et d'autres grises ou bleuâtres. Ils mesurent de quarante-huit à cinquante-deux millimètres de grand diamètre sur trente-huit ou trente-neuf pour le petit.

Cette espèce est encore un des exemples de la facilité avec laquelle les Goëlands savent s'accommoder à la domesticité. Le jardin zoologique d'Anvers en a possédé, pendant plusieurs années, un individu qui vivait en pleine liberté ; gagnait, en volant, l'Escaut ou la côte voisine, faisait quelquefois des absences de plusieurs jours, mais revenait constamment au jardin.

PL. 32. — GOÉLAND A CAPUCHON NOIR.

Larus melanocephalus (Nattérer, 1820). — *Xema melanocephala* (Boié, 1822). — *Gavia* et *Melagavia melanocephala* (Ch. Bonap., 1856).

Mâle adulte : tête et moitié supérieure du cou d'un noir profond, avec les paupières blanches ; dessus du corps d'un cendré clair ; moitié inférieure du cou, poitrine, abdomen et sous-caudales d'un blanc pur ; couvertures supérieures des ailes pareilles au manteau, l'autre moitié, jusqu'à la pointe, blanche, la première étant seulement bordée de noir sur les barbes externes ; queue d'un blanc pur. Bec et pieds d'un rouge de sang vif, avec une bande noirâtre entre la pointe et l'angle de la mandibule inférieure ; bord libre des paupières dentelé et rouge minium ; iris noisette foncé. Taille : quarante et un à quarante-deux centimètres.

Découvert par Nattérer, qui le dit habiter les côtes de l'Adriatique, et très commun sur celles de la Dalmatie, dans les marais ; il ne l'a vu que là, et ne saurait dire si l'espèce habite l'Archipel et d'autres parties méridionales ; il ne l'a point vu sur les lacs de Hongrie ; on le voit à Trieste, pendant les gros vents si fréquents sur ces côtes : on ne l'y trouve jamais par un temps calme.

Depuis, nous savons qu'on le rencontre sur les côtes de la

Grèce, de la Sicile, de la France méridionale, de l'Espagne et de la Barbarie, et qu'il se montre accidentellement en Allemagne et dans le nord de la France.

D'après M. Baldamus, il niche dans les marais du sud-est de l'Europe, en compagnie d'autres espèces. Un nid, qu'il a vu dans les lacs marécageux du Banat, en Hongrie. se trouvait parmi d'autres nids de Guiffette hybride, et renfermait trois œufs. Ces œufs, dit Gerbe, qui en a reçu de parfaitement authentiques de la Régence de Tripoli, ressemblent tellement à ceux du Goëland rieur, pour les couleurs tant du fond que des taches, qu'on peut aisément les confondre. Ils mesurent de quarante-trois à quarante-six millimètres de grand diamètre sur trente-quatre à trente-six pour le petit.

PL. 33. — GOËLAND PYGMÉE.

Larus minutus (Pallas, 1776).

Mâle adulte : tête, partie supérieure du cou noires, avec un étroit croissant blanc devant les yeux ; reste du cou blanc ; dessus du corps d'un cendré bleuâtre très clair ; sus-caudales blanches ; poitrine, abdomen et sous-caudales d'un blanc teinté d'une belle couleur aurore, qui disparaît, après que l'oiseau est monté, pour faire place à un blanc parfait ; couvertures supérieures des ailes pareilles au manteau ; rémiges cendrées, terminées de blanc, avec la baguette des primaires bruné, ou d'un jaune ocreux foncé ; queue d'un blanc pur. Bec rouge de laque foncé ; iris brun noir ; pieds d'un rouge cramoisi. Longueur totale : vingt-sept centimètres environ.

Habite les contrées orientales de l'Europe et l'Asie septentrionale.

On le rencontre assez communément en Suisse, en Morée, sur les bords de l'Adriatique, où on le voit en toutes saisons ; il se montre assez souvent, mais irrégulièrement, en France, en Allemagne, en Angleterre, etc., où quelques individus ont été tués.

Il se reproduit sur quelques points de l'Europe orientale, sur
le bas Danube, sur les côtes de la mer Baltique, et niche dans les
marécages voisins de la mer ou des grands fleuves. M. Martin,
au rapport de Gerbe, l'a vu nicher par bandes dans les étangs
salés des steppes de la Russie orientale. Ses œufs, qu'il dépose
sans apprêt sur la mousse, sont presque constamment au nombre
de trois. Leur forme et leurs couleurs varient autant que celles
des autres·espèces : ils sont d'un gris olivâtre, ou jaunâtre, ou
roussâtre, avec des taches d'un brun noir ou de rouille foncé, entremêlées de petits points gris ou violacés. Ils mesurent de trente-
huit à quarante-deux millimètres pour le grand diamètre et de
vingt-neuf à trente et un pour le petit.

3e SOUS-FAMILLE

LESTRIDINÉS. — **Lestridinæ** (Ch. Bonap., 1850).

Du moment que l'on range cette sous-famille sous le vocable
de Lestridiens ou Lestridinés, il faut, de toute nécessité, que
l'étymologie de ce nom se retrouve dans celui du genre. Ici donc,
faisant céder la primauté à la logique, nous adoptons, de préférence, le nom générique de *Lestris* d'Illiger, quoique de 1811, à
celui de *Stercorarius* de Brisson, antérieur (1760), ce dernier
nom se suffisant, en français.

Ce qui caractérise les oiseaux de cette sous-famille entre tous
les Laridés, tels que les Hirondelles de mer et les Goëlands, c'est
une membrane, que nous voyons apparaître pour la première fois,
qui enveloppe une grande portion du bec, à partir de sa base, et
une queue affectant la configuration cunéiforme ; ils en diffèrent
encore, non seulement par ces principaux caractères physiques,
mais par leurs mœurs et certaines de leurs habitudes.

Les Goëlands et les Mouettes, on l'a vu, sont plutôt généralement lâches et craintifs; les Lestridiens ou Stercoraires,
qu'on leur réunit dans les méthodes, sont, au contraire, intré-
pides et courageux : éternels ennemis des premiers, ils les har-

I   8

cèlent continuellement. Quoique excellents pêcheurs par eux-mêmes, lorsqu'ils le veulent, ils pêchent rarement pour leur propre compte; mais ils se nourrissent le plus habituellement des aliments qu'ils obligent les Mouettes de dégorger, surtout lors-qu'ils ne trouvent point leur pâture à la mer et au rivage. Vrais forbans de l'air, comme les appelle un voyageur naturaliste, ils forcent, à coups de bec, ces dernières à rejeter le poisson et les crustacés dont elles se sont emparé. Au moment où l'animal, vaincu ou effrayé, les laisse échapper, les Stercoraires plongent sur cette proie et la saisissent, avec une étonnante vélocité, avant qu'elle ne tombe dans la mer, vivant ainsi en véritables pa-rasites (d'où le nom d'une de leurs espèces), aux dépens de leurs antagonistes qu'ils poursuivent sans cesse.

La sous-famille n'est représentée que par un seul groupe gé-nérique sous le nom de *Stercoraire*.

GROUPE GÉNÉRIQUE UNIQUE

STERCORAIRE, *LESTRIS* (Illiger, *Prodr. syst.*, 1811).

Bec un peu moins long que la tête, robuste, presque cylindrique, couvert à sa base d'une cire ou peau membraneuse qui se prolonge jusqu'aux narines; mandibule supérieure terminée par un onglet saillant et crochu, qui paraît surajouté; mandibule inférieure arrondie à son extrémité, et formant un angle saillant à la rencontre de ses branches; narines latérales, linéaires, obliques; ailes longues, pointues, aiguës; queue formée de pennes inégales, plus ou moins pointue ou allongée au centre, les deux rectrices médianes toujours plus longues que les latérales et souvent dans de grandes proportions; tarses médiocres, scutelles en devant généralement grêles, de la longueur du doigt médian; rarement plus court; pouce petit, touchant à peine le sol; ongles grands et crochus; membranes interdigitales garnies de nombreuses papilles verruqueuses.

Les deux sexes se partagent les soins de l'incubation et nourrissent leurs petits jusqu'à ce qu'ils aient perdu leur duvet.

Sur sept espèces dont se compose ce groupe, quatre appartiennent à l'Europe. La principale et la plus commune est la suivante :

PL. 34. — STERCORAIRE ou LABBE CATARACTE.

Lestris catarractes (Temm., ex Linn., 1815). — *Larus fuscus* (Briss., 1760). — *Larus catarractes* (Linn.).

Mâle, en été : parties supérieures d'un brun foncé rayé de rouille; plumes de la nuque et du cou pointues et paraissant usées; celles du corps et des ailes arrondies; parties inférieures d'un

brun cendré, avec une teinte roussâtre au centre de chaque
plume dont la tige est blanchâtre ; bords libres des paupières
garnis de plumes blanches ; les cinq premières pennes des ailes
blanches dans leur première moitié ; celles de la queue blanches
seulement à leur base. Bec brun à la base, noir à la pointe ; iris
brun ; pieds noirs. Taille de cinquante-six à cinquante-sept centimètres.

Le nom de Stercoraire donné à cet oiseau est la traduction
de celui que, dans leur langue, lui ont donné les pêcheurs du
Nord, qui croyaient que ce qu'il recevait dans son bec, à la
poursuite des Mouettes, était leur fiente. Or, ce n'était rien
moins qu'une grossière erreur. Le poisson paraît toujours
blanc en l'air, parce qu'il réfléchit la lumière ; et il semble, à
cause de la raideur du vol, tomber derrière la Mouette qui le
vomit en fuyant. Ces deux circonstances ont donc seules trompé
les observateurs ; et c'est ce que Baillon père, si bon observateur lui-même, a parfaitement démontré.

Il niche sur les rochers et les montagnes, dans les bruyères,
au milieu des herbes et de la mousse. Ses œufs, au nombre de deux
ou trois, se distinguent de ceux des Goëlands, en ce qu'ils sont
plus renflés au centre ; quant à la forme et quant à la couleur,
en ce qu'ils sont d'un brun olivâtre sombre et très accusé ; du
reste, même système de maculatures ou brunes ou noires entremêlées d'autres taches d'un gris vineux. Ils mesurent de cinquante-
neuf à soixante-deux millimètres de grand diamètre, et de quarante-deux à quarante-trois du petit. Les œufs de toutes les espèces se ressemblent.

Ce Stercoraire ne souffre d'oiseaux d'aucune espèce dans le
voisinage de son nid ; l'homme et les mammifères seraient même
exposés à ses attaques. Aussi les habitants des îles Féroë, qui vont
à la chasse de cette espèce, se munissent-ils, d'après M. Graba,
de couteaux qu'ils fixent à leur coiffure, la pointe en l'air, pour
ne pas être blessés par les assauts impétueux de ces oiseaux.

Cet oiseau, en captivité, mange non seulement du poisson et
des insectes, mais encore du pain et du blé. Degland en a

nourri plusieurs individus, qui avalaient des chats nouveau-nés vivants, sans les dépecer.

PL. 35. — STERCORAIRE POMARIN.

Lestris pomarinus (Temm.).

Mâle adulte : vertex, face et dessous des yeux noirs ; plumes occipitales un peu effilées, noires, formant une sorte de huppe ; celles de la nuque subulées, d'un blanchâtre nuancé de jaune d'or ; parties supérieures du corps et sus-caudales d'un brun olivâtre foncé ; parties inférieures blanches, à l'exception de la poitrine, où se dessine une ceinture plus ou moins complète ; rectrices médianes dépassant les latérales de six à dix centimètres. Bec et cire d'un jaune livide, noir à la pointe ; iris brun foncé ; tarses, pieds et palmures noirs. Taille : environ quarante-trois centimètres, non compris les filets de la queue, ou avec cinquante-trois centimètres.

Le Stercoraire habite les régions du cercle arctique, abondant sur les côtes de l'Amérique du Nord, à Terre-Neuve, en Islande, en Suède et en Norwège. Il se montre accidentellement sur les côtes maritimes de la France, à la suite de coups de vent. Ainsi, en octobre 1831, rapporte Gerbe, un terrible ouragan, qui dura plusieurs jours, y jeta un nombre prodigieux de Pomarins sur les côtes de Dunkerque ; ils y sont poussés par le vent du nord et surtout du nord-ouest ; mais ce sont le plus souvent de jeunes sujets.

Les mêmes circonstances les font s'abattre dans les vallées de la Savoie. Quelques-uns, dit M. Bailly, apparurent le 17 octobre 1847, et le 5 novembre 1851, sur le lac du Bourget, où plusieurs furent tués, ils se montrèrent sur le lac de Genève.

Enfin, il n'est pas jusqu'aux plaines de la Beauce dans lesquelles il se rencontre quelquefois, et toujours à la suite de grands vents.

Il niche dans les marais, sur des monticules, ou parmi les ro-

chers du bord de la mer. La femelle pond deux ou trois œufs
oblongs, pointus, d'un olivâtre plus ou moins clair, marqués de
brun ou de noirâtre; et mesurant de cinquante-sept à soixante
millimètres de grand diamètre, cinquante et un à quarante-deux
de petit.

PL. 36. — STERCORAIRE PARASITE ou LABBE.

Lestris parasiticus (Boié).

Mâle adulte : dessus de la tête et du corps d'un noir de suie ;
derrière et côtés du cou d'un jaune d'ocre ; dessous du corps
d'un blanc plus ou moins pur ; flancs d'un brun clair ; base et tige
des rémiges primaires blanches ; rectrices médianes très pointues, dépassant les autres de huit à onze centimètres. Bec bleuâtre
avec la cire verdâtre et la pointe noire; iris d'un brun roux;
pieds d'un bleu de corne : Taille, quarante et un centimètres,
sans les filets de la queue ; avec cinquante-deux centimètres environ.

Habite les mers boréales de l'Europe, de l'Asie et de l'Amérique, le Groënland, les bords de la Baltique, en Norwège et en
Suède.

Nourriture, nidification et ponte comme le cataracte ; œufs
mesurant de cinquante-sept à soixante et un millimètres de grand
diamètre, et de quarante et un à quarante-deux de petit.

PL. 37. — STERCORAIRE LONGICAUDE.

Lestris longicaudus. — *Lestris spinicauda* (Ch. Bonap.). — *Stercorarius longicaudus*
(Briss., 1760).

Mâle adulte : dessus de la tête noire ; plumes occipitales formant huppe ; derrière du cou blanc jaunâtre ; dessus du corps
gris sombre ; gorge, devant du cou et poitrine blancs ; abdomen
et flancs comme le dos ; rémiges et rectrices d'un gris noirâtre ;
rectrices médianes terminées en fer de lance dépassant les laté-

rales de seize à vingt-deux centimètres. Bec, tarses et doigts d'un blanc de plomb, le premier noir à la pointe; iris brun; membranes interdigitales noires. Taille : trente-huit centimètres non compris les filets de la queue, ou de cinquante-huit à soixante, en les y comprenant.

Il habite les parages du cercle arctique, particulièrement le Groënland, Terre-Neuve et le Spitzberg, et s'avance, l'hiver, dans une partie de l'Europe tempérée, où on le rencontre assez souvent en France. On a tué quelques jeunes, au milieu des champs, près de Lille, en 1834.

Se nourrit, niche et pond dans les mêmes conditions que les précédents. Les œufs, colorés comme ceux des autres espèces, mesurent de cinquante-quatre à cinquante-six millimètres de grand diamètre sur trente-sept à trente-huit de petit.

2ᵉ TRIBU

LES PLONGEURS OU COLYMBIENS

Colymbiæ.

Les oiseaux que nous faisons entrer dans cette tribu auraient peut-être dû, selon la valeur de leur aptitude à la natation, venir après les Plongeurs exclusivement marins, tels que les Pingouins et les Guillemots, dont nous avons fait nos oiseaux de transition : car ce sont aussi des Plongeurs, qui se partagent entre l'habitude des eaux de mer et celle des eaux douces, et qui mériteraient le nom d'*Immergeurs* (s'il était français), par le procédé dont usent les uns et les autres quand ils veulent disparaître sous l'eau ; ce sont, en un mot, les Plongeons proprement dits et les Grèbes. Mais, outre qu'ils ne sauraient appartenir au même groupe, les Plongeons, par leur conformation ostéologique et par leurs caractères oologiques, tiennent de trop près aux Lariens pour en être éloignés, sans parler de leurs habitudes de fréquen ter, comme ceux-ci, les eaux de mer ; et, d'une autre part, les Grèbes, par le dernier des caractères que nous venons d'indiquer, celui de l'œuf, se rapprochant trop de celui des Stéganopodes, ou Totipalmes, pour les en séparer.

Nous placerons donc les vrais Plongeons immédiatement à la suite des Goëlands, et les Grèbes après eux, comme trait d'u-nion entre ceux-ci, pour leurs formes, et les Totipalmes, pour leur œuf.

Ainsi, deux familles dans la tribu : les Plongeons, les Grèbes.

1ʳᵉ FAMILLE

COLYMBINÉS. — Colymbinæ (Leach, 1825).

Quoique les oiseaux qui précèdent, ainsi que beaucoup d'autres des oiseaux nageurs dont nous avons à parler, aient l'habitude de plonger même jusqu'au fond de l'eau en poursuivant leur proie, on a donné de préférence le nom de *Plongeons*, consacré par l'usage et par la science, aux membres d'une petite famille de ces oiseaux plongeurs, composés seulement de trois espèces, qui ont une faculté d'immersion particulière : c'est-à-dire, qu'à un moment de danger, sans mouvement ni des ailes ni des pattes, ils abandonnent à son propre poids leur corps, qui disparaît insensiblement sous l'eau, immobile à la même place, comme y descenderait un vase à moitié vide, jusqu'à ne plus laisser voir à peine à son niveau que la moitié de la tête, particularité ignorée de Montbelliard, et encore, à l'heure qu'il est, de beaucoup d'auteurs.

GROUPE GÉNÉRIQUE

PLONGEON, *COLYMBUS* (Linn.).

Les oiseaux de ce groupe diffèrent des autres, quant aux caractères, en ce qu'ils ont le bec droit et pointu, et les trois doigts antérieurs joints ensemble par une membrane entière, qui projette un rebord le long du doigt intérieur, duquel cependant le postérieur est séparé. Les Plongeons ont, de plus, les ongles petits et pointus; la queue très courte et presque nulle; les pieds très plats et placés tout à fait à l'arrière du corps; enfin la jambe cachée dans l'abdomen, disposition très propre à l'action de nager, mais très contraire à celle de marcher. Aussi se meuvent-ils dans l'eau d'une manière si preste et si prompte au coup de feu, que le plomb ne peut les toucher; ce qui les avait fait nommer *Mangeurs de plomb* par les Français de la Louisiane; ajoutons qu'ils offrent un plus grand développement de type alaire que les oiseaux précédents.

Il est constant, d'après leur organisation, que ces oiseaux, qui ne se tiennent debout, comme des Guillemots, que derrière les vitrines de nos musées publics, ainsi que l'exprimait Hardy, de Dieppe, ne doivent pas nicher sur le bord d'une eau sujette à la marée.

Cela est si vrai, que quand Audubon découvrait dans les marais un nid de Plongeon *Imbrim* que nous allons décrire, à la trace faite au milieu des roseaux qui le bordaient, c'est que la chaleur de l'été avait abaissé le niveau de l'eau, et que le pauvre oiseau, pour gagner celle-ci, avait dû se faire son passage, tout en se bousculant à travers les joncs poussés sur la rive desséchée que suivait le naturaliste. Ce cas, tout exceptionnel, explique l'existence d'un sentier tracé sur l'herbe par les fréquents voyages de l'oiseau, et, par suite, quelle découverte ait pu trahir au chasseur un nid si bien caché, et sur lequel la femelle s'aplatissait de manière à disparaître au milieu des joncs. On comprend qu'alors, troublée dans cet asile, et à l'approche pressante d'un puissant ennemi, l'Imbrim, qui ne saurait se servir de ses courtes jambes, placées trop en arrière pour le soutenir, n'ait d'autre ressource que de glisser sur le ventre, par saccades, à la manière des phoques ou des manchots, de se pousser, de se traîner le corps incliné en avant et de se précipiter dans l'eau où il plonge, et où il est difficile, pour ne pas dire impossible, de le joindre à la nage. Un chasseur anglais a poursuivi cet oiseau dans un bateau que faisaient voler sur la mer quatre robustes rameurs, sans avoir jamais pu le gagner de vitesse, quoique les décharges de plusieurs fusils, aussitôt qu'il se montrait, l'eussent contraint à plonger constamment.

Leur nourriture habituelle ne se compose que de petits poissons. Mais la mandibule inférieure du bec, suivant la remarque de Wilson, est formée de deux pièces qui, unies par une membrane élastique et mince, peuvent s'écarter horizontalement l'une de l'autre, de façon à élargir l'ouverture, et à permettre à l'oiseau d'avaler de plus gros poissons. C'est un caractère important qui se présente ici pour la première fois, d'une manière rudimentaire, et que nous verrons prendre de tout autres proportions dans plusieurs familles d'oiseaux marins.

PL. 38. — PLONGEON IMBRIM.

Colymbus glacialis (Linn.).

Mâle adulte : tête, gorge et cou d'un noir verdâtre, à reflets verts et bleuâtres, avec une petite bande transversale rayée de blanc et de noir sous la gorge; à la partie supérieure du cou un large collier, rayé longitudinalement de noir et de blanc; dos, ailes, flancs et croupion d'un noir profond; chaque plume du

dos et des scapulaires portant à l'extrémité deux taches carrées
d'un blanc pur ; couvertures des ailes, flancs et croupion parsemés
de petites taches blanches ; poitrine et parties inférieures d'un
blanc parfait. Bec noir, cendré à la pointe ; iris rouge ; pieds d'un
brun noirâtre en dehors, tirant sur le cendré en dedans. Taille
d'environ soixante-seize centimètres.

De tous les oiseaux de mer de notre hémisphère boréal, le
Plongeon, dit M. Shirley, est le plus beau et le plus puissant ;
c'est l'Aigle de l'Océan. Intrépide navigateur, il est aussi le plus
prudent et le plus vigilant des oiseaux. Même en pleine mer, et
quoique aucun bâtiment ne soit en vue, il est perpétuellement en
alerte, surtout au temps de la ponte et de la couvée. A l'instant
où il vient de plonger et s'apprête à déguster la proie qu'il a saisie,
il jette encore de tous côtés un regard de défiance. Lorsqu'il veut
rester immobile, il peut nager sous le niveau de la vague, son
arrière-train entièrement submergé, son cou tendu horizontalement, comme couché à fleur d'eau. Mais pour mieux apprécier son
adresse et sa hardiesse de nageur, il faut l'observer par une brise
d'est : aucune embarcation, aucune créature vivante ne se montre
à l'horizon ; les Mouettes elles-mêmes ont été balayées par le
vent et dispersées sur les marécages de l'intérieur des terres ; un
navigateur seul n'a pas eu peur du grain : c'est notre Plongeon.
Prenez votre télescope, et voyez comme ce téméraire enfant des
flots nage contre le vent, fend la vague, secoue l'écume, et vient
affronter les lames qui déferlent autour des récifs (1).

Se nourrit de poissons, particulièrement de harengs, dont il
poursuit les bandes qui émigrent ; et aussi de frai, d'insectes et
de végétaux marins.

Niche tantôt dans de petites îles, sur le bord des eaux douces ;
tantôt dans les îles solitaires entourées de rochers.

Sa ponte est de deux œufs, qui ne diffèrent guère de ceux de
Goëlands que par la forme, rentrant dans celle à laquelle nous
avons donné le nom d'*elliptique* , seulement avec l'un des deux

(1) *Revue britannique.*

bouts fréquemment moins aigu que l'autre. Ils procèdent de deux teintes : ou d'un brun chocolat uniforme, ou d'un vert olive clair, ou vert bouteille également uniforme; dans les deux cas maculés de rares taches d'un noir franc, plus ou moins arrondies ou en forme d'éclaboussures; entremêlées d'un griveté à peine perceptible se perdant dans la teinte du fond. Ils mesurent de quatre-vingt-douze à quatre-vingt-quinze millimètres de grand diamètre sur soixante de petit. Tels étaient ceux de notre collection, passée aujourd'hui aux mains de M. H. Turati, de Milan. Une autre variété était café au lait foncé, avec les mêmes taches.

Les Plongeons, malgré leur sauvagerie, peuvent se prêter à la domestication. On s'est emparé, à plusieurs reprises, de Plongeons vivants, que l'on a pu alors observer de plus près et plus à l'aise.

Le savant naturaliste Montagu en gardait un, dans un étang; et il était parvenu à l'apprivoiser en peu de jours : l'oiseau docile venait à l'appel, d'une rive à l'autre, et prenait sa nourriture dans sa main.

PL. 39. — LE PLONGEON LUMME ou A GORGE NOIRE.

Colymbus arcticus (Linn.).

Mâle adulte : dessus de la tête et du cou d'un brun cendré, plus foncé au front; milieu du dos et sous-caudales d'un noir profond à reflets, sans taches; chaque côté de la partie supérieure du dos marqué de dix ou douze raies transversales blanches; scapulaires en portant quatorze ou quinze sur fond noir; gorge, devant et côtés du cou noirs, à reflets violets, avec une petite bande transversale, formée de raies longitudinales blanches, sous la gorge, interrompue antérieurement et se dirigeant en arrière vers l'occiput; une autre bande plus large, verticale, formée de raies plus longues sur les côtés du cou, occupe toute l'étendue de ces parties; poitrine blanche, avec les côtés rayés de noir; abdomen blanc, avec les flancs et une bande transversale sur l'anus noirs; joues

nuancées de noir et de cendré ; couvertures supérieures des ailes
noires, parsemées de petites taches blanches ; rémiges et rectrices d'un noir à reflets. Bec noir profond ; iris rouge ; pieds
bruns en dehors, d'un cendré verdâtre en dedans. Taille de
soixante-huit centimètres environ.

Le Plongeon Lumme habite l'hémisphère boréal. On le trouve
dans le Nord de la Sibérie, dans le Nord-Est de la Russie d'Europe, au pied des Monts Ourals, et il se répand dans beaucoup de
contrées de l'Europe à l'époque de ses migrations. Ainsi, commun
en automne et en hiver, à son passage, en Angleterre, en Allemagne et en Hollande ; plus rare sur les lacs de l'intérieur en
France ; assez commun sur les grands lacs de la Suisse, il ne paraît cependant pas pénétrer aussi loin vers le Nord que l'espèce
précédente ni la suivante. D'après Temminck, il ne se trouvait pas
en Islande, mais il se trouve en Ecosse ; le même auteur dit que
l'espèce est exactement la même au Japon.

Il niche dans les roseaux et dans les herbes, sur les bords des
lacs et dans les marais entrecoupés de beaucoup d'eau, et souvent loin des rivages de la mer.

Il pond deux œufs aussi variables que ceux de l'*Imbrim*, avec
la même forme et la même livrée. Ils mesurent quatre-vingt-
cinq millimètres de grand diamètre sur cinquante à cinquante-
deux de petit.

Le *Lumme* a un cri fort et triste ; il le fait constamment entendre à l'approche de la pluie ou d'un orage. Aussi les monta-
gnards de l'Ecosse l'ont-ils nommé Oiseau-de-pluie, *rain Goose*.
On l'appelle encore en langage gaélique : *grande Poule des lacs*. C'est
le premier oiseau, dans l'ordre que nous suivons, qui serve de
pronostic dans les pays où il se trouve ; ce ne sera pas le dernier.
Ces qualifications, vulgaires en apparence, reposent presque toujours sur un fait d'observation vrai.

PL. 40. — PLONGEON CAT-MARIN.

Colymbus septentrionalis (Linn.).

Mâle adulte : partie moyenne du vertex, dans toute sa longueur, d'un gris brun verdâtre, marqué de taches noires ; occiput, parties postérieure et inférieure du cou variées de raies longitudinales noires et blanches ; dessus du corps d'un brun noirâtre, avec de petites taches blanches irrégulières à la partie supérieure du dos, à la partie inférieure et sur les sus-caudales, prenant la forme de raies ou de bandes à l'extrémité des scapulaires ; côtés du front et de la tête, gorge et côtés du cou d'un gris de souris foncé ; devant du cou portant une bande d'un roux marron très vif, plus large en bas qu'en haut ; le reste de la partie antérieure du cou, poitrine et abdomen d'un blanc luisant, avec une ligne transversale brune, formant un angle au-devant de l'anus, une autre sur les sus-caudales, et de larges taches longitudinales d'un brun noir sur les côtés de sa poitrine et sur les flancs ; ailes pareilles au manteau ; rémiges d'un brun noir lavé de cendré, à reflets verdâtres. Bec noir ; membrane sous-maxillaire de couleur cerise livide ; iris d'un rouge lie de vin ; tarses d'un noir verdâtre, nuancés de rose sur le milieu de la face interne ; doigts bruns en dehors, verdâtres en dedans et sur le devant, avec des taches transversales brunes vis-à-vis de chaque articulation ; ongles plombés ; membrane interdigitale cendrée au centre, jaunâtre sur les bords. Taille : environ soixante-deux centimètres (Gerbe).

Habitant des mers arctiques ; commun en Islande ; niche en grand nombre en Norwège, sur les îles Loffoden, où l'a observé de La Motte ; très abondant en automne, mais surtout en hiver, sur les côtes d'Angleterre, de Hollande et en France. Temminck le dit également commun au Japon, où l'espèce est la même.

Niche au milieu des roseaux, sur le bord des étangs avoisinant la mer ; pond deux œufs semblables, pour leurs caractères, à ceux des espèces précédentes, mesurant de soixante-dix à soixante-quinze millimètres de grand diamètre sur quarante-six à quarante-huit de petit.

Le *Cat-marin* était une des vieilles connaissances de Hardy. Il savait qu'il fait son nid tout au bord de nombreux petits étangs qui se trouvent le long des côtes de Norwège, et si près du bord, que lorsqu'il est sur son nid, son bec touche à terre ; en sorte qu'en présence d'un danger imminent, il n'a qu'un seul bond à faire pour se mettre en sûreté.

2ᵉ FAMILLE

PODICIPINÉS. — Podicipinæ (de Sélys-Lonchamps, 1842).

Quoi que l'on puisse faire, les Grèbes seront toujours une pierre d'achoppement pour les classificateurs. Totipalmes par leur œuf ; tenant milieu, par leurs caractères organiques et par leurs habitudes, entre les Plongeons et les Poules d'eau, ils ont, comme on le voit, des points de contact avec trois familles différentes ; et se trouvent enfin moitié nageurs, presque moitié Gralles, du moins quant à leurs pieds. Le méthodiste n'aperçoit donc en eux, pour leur assigner une place dans la série, que des difficultés ou des relations plus ou moins anormales.

Notre système, si tant est qu'il y ait système, on a dû le remarquer, a toujours été, sans jamais perdre de vue le caractère oologique, qui a été sans cesse et restera notre boussole, de chercher à en concilier la valeur avec celle des autres caractères organiques ou zoologiques. C'est ce qui nous a déterminé à mettre les Grèbes sur le passage des Plongeons aux Totipalmes qui vont suivre : car, de telle manière que l'on veuille s'y prendre avec ces oiseaux, il faut toujours en venir à les placer immédiatement avant ou immédiatement après les derniers, dont ils ne peuvent pas être oologiquement séparés. C'est le premier parti auquel nous nous sommes arrêté.

Les Grèbes diffèrent des Plongeons, avec lesquels on a continué de les réunir, leurs habitudes étant à peu de chose près les mêmes, d'abord par quelques détails d'ostéologie : par un bec tantôt aussi long, tantôt plus court que la tête, droit, dur, comprimé, en cône allongé, pointu, l'extrémité de la mandibule supérieure légèrement inclinée, l'inférieure formant angle, tantôt de la longueur de la tête, tantôt plus long ou plus court, suivant les espèces ; ensuite, par la manière dont est répartie la membrane natatoire de leurs pattes ; ce dernier caractère seul ne les sépare pas moins des oiseaux qui suivent, auxquels ils se rattachent complètement d'ailleurs par le lustré de leurs plumes abdominales, ainsi que par leur œuf ; les trois doigts antérieurs sont bien unis, à leur base jusqu'à la première articulation par une membrane ; mais, à partir de ce point, au lieu de continuer jusqu'à l'extrémité des doigts, elle se décompose en feston autour de chacun d'eux ; leurs pieds font donc l'office, non plus d'une rame d'une seule pièce, mais d'un aviron fissiforme ou à palettes ; d'où le nom que nous leur avions donné, dans un temps, de *Lobipèdes*, quoique de véritables Échassiers aient la même conformation.

C'est le premier exemple, jusqu'ici, de cette anomalie dans la forme de l'appareil natatoire que nous offre la série dans cet ordre ; ce sera même le seul en Europe.

Plusieurs sont remarquables par les ornements de ptilose de leur tête.

La famille, de même que celle des Plongeons, ne forme qu'un seul groupe générique dans l'Ornithologie européenne.

GROUPE GÉNÉRIQUE UNIQUE
GRÈBE, *PODICEPS* (Linn.).

Comme complément des caractères que nous venons d'indiquer pour le bec et les pieds, les Grèbes offrent encore : des ailes courtes, aiguës ; des jambes emplumées jusqu'à l'articulation ; des tarses courts, très larges d'avant en arrière, moitié plus courts que le doigt externe, déjetés en dehors, partout couverts de larges scutelles, celles du bord saillantes comme les dents d'une scie ; le pouce grêle, pinné sur ses deux bords ; presque absence de queue.

Les Grèbes ont cette faculté remarquable : c'est que, lorsqu'ils sont inquiets de quelque apparence, même lointaine, de danger, on les voit, de même que les Plongeons, s'enfoncer graduellement, et sans effort, sous la surface de l'eau, demeurée calme et unie comme un miroir, jusqu'à ce qu'il ne reste plus de visible que la moitié du cou et de la tête.

La famille, qui compte une trentaine d'espèces répandues dans toutes les parties du monde, n'en fournit que cinq à l'Europe.

PL. 41. — GRÈBE OREILLARD ou ESCLAVON.

Podiceps auritus (Lath., *ex* Linn.). — *Colymbus auritus* (Linn.).

Mâle adulte : dessus de la tête d'un noir à reflets verdâtres ; dessus du cou et du corps d'un noir luisant ; gorge et joues d'un noir profond lustré, avec les plumes allongées et effilées, formant une large collerette ; devant et côtés du cou, haut de la poitrine et abdomen d'un blanc pur à reflets métalliques ; flancs d'un roux marron nuancé de cendré ; une grande touffe de plumes

ro usses au-dessus des yeux et derrière, commençant aux lorums
inclusivement, et formant, pour ainsi dire, deux cornes ou longues oreilles ; bord libre des paupières roux ; couvertures supérieures des ailes un peu moins noires que les scapulaires ; rémiges
primaires brunes ; rémiges secondaires blanches. Bec noir avec
la base rose et la pointe rouge ; iris rouge-groseille, entre-
coupé d'un cercle jaunâtre ; pieds noir verdâtre en dehors, gris
livide varié de jaunâtre en dedans et en dehors. Taille : trente-cinq
centimètres (Gerbe).

Habite les contrées septentrionales et orientales de l'Europe,
et l'Afrique septentrionale ; plus abondant sur les rivières et les
lacs d'eaux douces que le long des côtes maritimes ; très commun dans le Nord, en Islande où il se reproduit, en Allemagne,
en France, en Suisse et en Italie ; rare dans les marais de la Hollande, jamais sur ses côtes ; très abondant enfin, d'après Temminck, dans le golfe de Cagliari, où on le voit en petites troupes à
la distance d'une demi-lieue de la côte ; il vit aussi en troupes
dans la mer Adriatique.

Il niche dans les marais, au milieu des roseaux ; son nid est
fixé et attaché aux joncs. Ses œufs, au nombre de trois ou quatre,
sont allongés à peu près également des deux bouts, ou de forme
elliptique ; d'un blanc légèrement bleuâtre ou verdâtre, changeant de teinte et tournant au brun durant l'incubation, par l'effet
du contact soit de l'eau, soit des détritus marécageux qui
entourent le nid ; ces œufs mesurent de quarante-quatre à quarante-neuf millimètres de grand diamètre sur trente à trente et
un de petit.

C'est une des espèces, quoi qu'on en ait dit, qui se réunissent
le plus volontiers en colonies pour nicher, et, dans ce cas, la nidification habituelle subit quelque modification.

Les individus de cette espèce, au rapport de M. Tristram,
construisent leurs nids en quantité si serrée et si compacte, qu'ils
se trouvent plus rapprochés les uns des autres que ceux d'aucune
colonie de Corbeaux-Freux. Ces nids, faits comme ceux de presque tous les Grèbes, sont élevés sur de petits îlots artificiels, se

touchant presque constamment, et quelquefois entassés sur des fonds solides ayant leur base à plus d'un mètre sous l'eau (1).

Ce qui semble une dérogation aux habitudes que nous leur connaissons en Europe ; mais ce qui pourrait bien avoir sa raison d'être, comme mesure de précaution, dans la découverte curieuse faite par M. Layard d'un ennemi jusqu'à présent ignoré des Grèbes, et probablement de toute la gent emplumée aquatique, du moins dans les eaux douces des pays chauds. Or, cet ennemi n'est autre que la Tortue aquatique qui les guette sous l'eau, les saisit par la patte et les tire à elle.

PL. 42. — LE GRÈBE HUPPÉ.

Podiceps cristatus (Lath., *ex* Linn.).—*Colymbus cristatus* (Linn.).

Mâle adulte : dessus de la tête et sommet de la nuque d'un noir lustré, avec les plumes de l'occiput allongées formant, de chaque côté, une huppe aplatie ; moitié inférieure de la nuque d'un brun cendré ; dessus du corps brun noirâtre, chaque plume bordée de cendré ; gorge et joues d'un blanc pur, suivi d'une large fraise ou collerette qui les encadre depuis le bas, en remontant latéralement jusqu'à la nuque, d'un roux ardent supérieurement, et d'un noir lustré inférieurement ; devant du cou et parties inférieures du corps d'un blanc lustré avec une teinte rousse mêlée de cendré sur les côtés de la poitrine et de l'abdomen ; partie nue du lorum rouge ; côtés du cou, couvertures supérieures des ailes et rémiges secondaires d'un blanc pur. Bec brun en dessus, rougeâtre sur les côtés et en dessous, avec la pointe blanche ; iris rouge ; pieds nuancés de vert et de jaune en devant, d'un brun vert en dehors et en dessous des doigts, avec les bords des membranes interdigitales jaunes. Taille : cinquante et un à cinquante-deux centimètres.

Répandu en Europe, en Asie, en Afrique et en Amérique ; habite les bords de la mer, les lacs, les étangs et les rivières ;

(1) *Revue britannique.*

émigre en nageant le long des côtes ; très abondant en Allemagne,
en Hollande, en Angleterre et en France, où il est de passage
régulier l'automne et le printemps ; moins commun dans l'intérieur sur les lacs de la France et de la Suisse, où il se reproduit
cependant.

Il construit un nid flottant, très humide, composé de détritus
de végétaux aquatiques, attaché aux roseaux environnants, et fort
peu élevé au-dessus de la surface de l'eau. La ponte est de trois
à quatre œufs, oblongs, également pointus aux deux bouts, par
conséquent de forme elliptique, blancs et enduits d'une couche
lisse, comme surabondante de matière crétacée, changeant de
teinte, soit par l'effet de l'incubation, ou plutôt de la fermentation
des végétaux dont se compose le nid : ils mesurent de cinquante
et un à cinquante-six millimètres de grand diamètre sur trente-
trois à trente-sept de petit.

On a fait sur cette espèce, et depuis plus longtemps, la même
observation que sur le Grèbe oreillard, pour sa manière de protéger et défendre ses petits une fois à l'eau, où ils vont et nagent
aussitôt leur naissance.

A ce moment, les parents s'élancent aussi du nid pour plonger ;
et, si un danger menace la couvée, ils entraînent leurs poussins
sous leurs ailes, pour les soustraire à toutes les recherches.

Ce Grèbe, comme probablement toutes les espèces, est sus-
ceptible de domestication.

Ce sont les peaux de cette espèce qui s'emploient comme four-
rures, et deviennent, dans quelques pays, l'objet d'un commerce
important.

Sous le nom vulgaire de *Plongeon*, il est bien connu, du reste,
par ces beaux manchons, par ces élégantes palatines et ces gar-
nitures de chapeaux de femmes d'un blanc argenté, qui ont, avec
la moelleuse épaisseur du duvet, le ressort de la plume et le lustre
de la soie. Son plumage, sans apprêt, et en particulier celui de la
poitrine, est, en effet, un beau duvet, très serré, très ferme, bien
peigné, selon l'expression de l'abbé Bexon, et dont les brins lustrés
se couchent et se joignent de manière à ne former qu'une surface

glacée, luisante, et aussi impénétrable au froid de l'air qu'à l'humidité de l'eau.

PL. 43. — GRÈBE JOU-GRIS.

Podiceps griseigena (Gray). — *Colymbus griseigena* (Boddaert).

Mâle adulte : dessous de la tête d'un noir lustré s'étendant, sous forme de bande, le long de la partie moyenne de la nuque, avec les plumes occipitales allongées, et dessinant sur chaque côté une huppe courte et aplatie ; parties supérieures du corps d'un brun roussâtre, avec les plumes bordées de cendré ; joues et gorges d'un beau gris bleuâtre entouré d'une teinte blanche ; devant et côtés du cou, haut de la poitrine d'un roux ardent ; parties inférieures d'un blanc argentin, parsemées de petites taches brun cendré ; flancs et côtés de la poitrine teintés de brun et de roussâtre ; rémiges brunes, avec une partie des secondaires blanches. Bec noir, avec les côtés et le dessous jaune orange à la base ; iris rougeâtre ; pieds d'un noir verdâtre et d'un jaune verdâtre marbré de noir en dedans, avec les doigts variés de diverses nuances indécises, orangées, jaunâtres ou verdâtres, etc. Taille variant beaucoup : de trente-trois à quarante centimètres.

Habite l'Europe, notamment les provinces orientales, où il est assez commun, l'Asie et l'Amérique ; de passage dans le Midi et le Nord de la France ; nulle part plus abondamment répandu que dans le Holstein.

Nidification, nourriture et œufs comme pour les précédentes espèces ; ceux-ci mesurant quarante-huit à cinquante et un millimètres de grand diamètre, et trente-deux à trente-trois de petit.

PL. 43. — GRÈBE A COU NOIR.

Podiceps nigricollis (Sundeval, 1848). — *Colymbus auritus Var.* (B. Linn.). — *Podiceps auritus* (Lath.).

Mâle adulte : parties supérieures d'un noir à reflets verdâtres, avec les plumes du vertex allongées et susceptibles d'érection ;

côtés et devant du cou, haut de la poitrine pareils au dos ; parties inférieures d'un blanc pur, à reflets métalliques, avec les côtés d'un roux marron vif nuancé de cendré ; pinceau de longues plumes effilées, d'un jaune clair et roux luisant derrière chaque œil, s'épanouissant sur la région parotique ; couvertures supérieures des ailes noires, à reflets ; rémiges primaires noirâtres ; rémiges secondaires entièrement blanches et plus ou moins nuancées de brun en dehors. Bec noir ; iris et bord libre des paupières rouge vermillon ; pieds d'un brun verdâtre en dehors, plus pâle en dedans. Taille : trente et un centimètres environ.

Habite l'Europe septentrionale et tempérée, rare au Nord de la France, commun au Midi, dans les environs de Nîmes, où il se reproduit quelquefois.

Se nourrit et niche comme les précédents ; ses œufs, de même forme et couleur, au nombre de trois ou quatre, mesurent de quarante-deux à quarante-quatre millimètres de grand diamètre sur vingt-huit à trente de petit.

PL. 44. — GRÈBE CASTAGNEUX.

Podiceps fluviatilis (Gerbe, *ex* Briss.). — *Colymbus fluviatilis* (Briss., 1760). — *Colymbus minor* (Gm., 1788).

Mâle adulte : dessus de la tête et gorge d'un noir profond ; lorums blanchâtres ; nuque et dessus du corps noirs, lavés d'olivâtre ; devant et côtés du cou d'un roux marron vif ; poitrine et flancs roussâtres ; milieu de l'abdomen d'un cendré noirâtre, avec une teinte cendré bleuâtre ; cuisses et croupion roussâtres ; couvertures supérieures des ailes pareilles au manteau ; rémiges primaires brunes ; secondaires brunes sur les barbes externes, blanches sur les barbes internes. Bec noir, jaune verdâtre pâle à la pointe et en dessous à la base ; pieds brun verdâtre en dehors, carnés en dedans ; iris rouge. Taille : de vingt-trois à vingt-quatre centimètres.

Habite presque toute l'Europe ; commun partout en France durant l'hiver, et sédentaire dans le Nord.

Tout autant voyageur sur eau que les plus fortes espèces, il arrive parfois que, surpris par de rigoureux hivers, il se trouve entraîné à la dérive par les glaces. Nous nous rappelons, dans un des derniers grands hivers qui ont sévi à Paris, avoir vu deux ou trois couples de Grèbes Castagneux, portés sur de larges glaçons que charriait la Seine, les quittant pour se remettre à l'eau, plongeant et remontant ensuite. Ils passaient sous le Pont des Tournelles, à la grande satisfaction des curieux auxquels nous les avions signalés, accourus pour les voir.

Quant à la domestication de ces oiseaux, elle est des plus faciles et des plus connues.

3ᵉ TRIBU

TOTIPALMES OU PÉLICANS

Totipalmi

Cette tribu se compose des oiseaux de mer dont les trois doigts antérieurs et le pouce sont réunis par une seule et même membrane natatoire.

Trois familles seules, sur six qu'elle comprend, sont représentées en Europe :

> Les Fous ;
>
> Les Pélicans ;
>
> Et les Cormorans.

Tous se distinguent, en outre, par l'extensibilité, chez la plupart, et le développement extraordinaire, chez quelques-uns, de la membrane gulaire.

1ʳᵉ FAMILLE

LES FOUS. — Sulinæ.

Selby dit qu'ils sont d'un caractère fort doux ; qu'à l'île de Bass, comme ils ne sont jamais tourmentés, ils deviennent très familiers ; et que, dans les lieux où leurs nids sont d'un accès facile, à la surface plane du rocher, sur la côte sud-ouest de l'île, ils se laissent flatter de la main sans la moindre résistance, et sans montrer d'autre signe d'impatience que de faire entendre un grave cri guttural.

Mac-Gillivray affirme également que lorsqu'ils courent, ils se laissent approcher à une distance d'un mètre, et quelquefois beaucoup plus près, de manière à ce qu'on puisse les toucher. Lorsqu'on en approche, ils se contentent d'ouvrir leur bec et de faire entendre leur cri ordinaire, ou bien de se lever sur leurs pattes, et de montrer quelque symptôme de mécontentement, mais peu de crainte du danger.

La réputation d'imbécillité faite à ces oiseaux est loin d'être établie, et de se produire d'une manière générale. Quoi qu'il en soit, avec cette imbécillité qui, après tout, n'est qu'apparente, les Fous sont, de tous les oiseaux de mer, ceux qui ont le plus l'instinct de secours et d'assistance entre eux ; et ils partagent tous les autres instincts de conservation ou de défense départis à la généralité de leurs congénères. Nous verrons, en effet, par la suite ce qu'il en est de cette prétendue stupidité.

On a dit des Fous ce qu'on a dit de presque tous les oiseaux de mer, qu'il n'est pas d'oiseaux marins dont la présence soit un indice plus certain de la proximité des terres ; ce qui doit s'entendre, lorsqu'ils se montrent en troupes.

Les rochers et les îlots que fréquentent les Fous sont les mêmes que ceux où se trouvent et habitent par peuplades les Goëlands, les Phaëtons, etc., ainsi que les Frégates, leurs ennemies acharnées cependant, selon les latitudes propres à chacune de ces familles.

Deux des principales stations ou lieux de reproduction des Fous, des mieux connus en Europe, sont : une des côtes d'Écosse, et l'une des Hébrides, Saint-Kilda, dont nous avons déjà parlé.

En Islande, selon Faber, les Fous sont beaucoup plus nombreux dans le Sud que dans le Nord.

Mac-Gillivray estime en avoir vu environ vingt mille, lorsqu'il visita l'île de Bass en 1831, et M. Cunningham ne pense pas, d'après le grand nombre qu'il en vit en 1862, qu'il y eût eu une diminution sensible depuis cette époque. Nous verrons tout à l'heure que, même en 1863, leur nombre était resté le même.

Sur une douzaine d'espèces qui composent la famille, une seule, celle dont nous venons de parler, appartient à l'Europe. Cette famille ne forme également qu'un groupe générique.

GROUPE GÉNÉRIQUE UNIQUE

FOU, *SULA* (Brisson).

Bec paraissant formé de trois pièces, droit, plus long
que la tête, fendu au delà de l'angle postérieur des yeux,
terminé en pointe légèrement courbée, avec les bords de la
mandibule supérieure dentelés en scie, les dentelures tournées en arrière ; la peau du tour des yeux nue jusqu'à la
commissure ; narines basales non apparentes, ne se révé-
lant que par le prolongement d'une fente jusqu'à la naissance de la pointe apicale du bec ; ailes allongées, aiguës,
atteignant presque l'extrémité de la queue ; celle-ci médiocre, conique, à rectrices résistantes, tarses beaucoup
plus courts que le doigt médian, qui a son ongle pectiné,
espèce de peigne singulier, dont l'utilité est souvent indi-
quée par la masse de duvet dont il est chargé.

PL. 45. — LE FOU BLANC ou DE BASSAN.

Sula Bassana (Briss.).

Mâle adulte : sommet de la tête et occiput d'un jaune d'ocre
clair ; le reste du corps d'un blanc de lait, à l'exception des rémiges et de l'aile bâtarde, qui sont noires ; bec d'un bleu cendré
à la base, blanc à la pointe ; membrane nue du tour des yeux
d'un bleuâtre clair ; celle qui forme le prolongement de l'ouverture du bec, et celle qui s'étend sur le milieu de la gorge, d'un
bleu noirâtre ; iris jaune ; partie supérieure des doigts et devant
du tarse rayés longitudinalement de vert clair ; membranes noirâtres ; ongles blancs. Taille : quatre-vingt-cinq centimètres environ.

Il ne paraît pas se reproduire sur le continent, quoiqu'il se rencontre assez souvent sur les côtes de France, et ses principales stations sont les lieux que nous avons déjà cités.

M. Cunningham, qui l'a bien observé et étudié dans ces mêmes localités, dit qu'il y arrive vers la fin d'avril, et y construit un grand nid, composé, non pas, ainsi que l'ont avancé d'anciens auteurs, de petites branches, mais principalement de plantes marines, qu'il va souvent chercher fort loin, entre autres, le fucus commun et le fucus digité.

Ces nids sont construits dans la forme d'un cône aplati, dont la base a environ cinquante à soixante centimètres de diamètre, terminé par une cavité peu profonde. Les constructeurs déploient une grande industrie dans le choix des matériaux qui leur sont nécessaires, arrachant l'herbe et le gazon avec leurs robustes becs, et se livrant fréquemment des combats pendant leur travail.

L'œuf est pondu vers le milieu du mois de mai ; ils n'en font qu'un, qu'ils remplacent si le premier est enlevé. Cet œuf est d'un ovale allongé, un peu renflé, à surface rugueuse, couverte d'un enduit crayeux et d'un blanc presque pur ou légèrement azuré. Il mesure de soixante-dix à soixante-quinze millimètres pour le grand diamètre, et quarante-huit à cinquante pour le petit.

La domestication de ces oiseaux est assez facile.

A ce fait de domestication, vient se joindre celui que nous avons déjà cité en 1852 (1) de M. Ferrary, de Quimper.

L'organisation pneumatique, commune à tous les oiseaux de la famille, a été depuis mise en évidence chez le Fou de Bassan, par M. Owen, qui en a donné d'excellents détails anatomiques.

---

(1) *Encyclopédie d'histoire naturelle, Oiseaux.*

2ᵉ FAMILLE

LES PÉLÉCANINÉS ou **PÉLICANS proprements dits.** — Pelecaninæ
(G.-R. Gray).

Les Pélicans sont principalement caractérisés par une énorme poche gutturale, par la face nue, par l'ongle à bords lisses du doigt médian ; enfin, par un bec fendu, au plus jusqu'à l'angle postérieur des yeux, beaucoup plus long que la tête. Ce bec est plat au-dessus, comme une large lame relevée d'une arête sur sa longueur, et se terminant par une pointe en croc ; le dedans de cette lame, qui fait la mandibule supérieure, présente cinq nervures saillantes, dont les deux extérieures forment des bords tranchants; la mandibule inférieure ne consiste qu'en deux branches flexibles qui se prêtent à l'extension de la poche membraneuse qui leur est attachée, et qui pend au-dessous comme un sac en forme de nasse.

Au fond de cette même poche est cachée une langue si courte, qu'on a cru pendant longtemps qu'ils n'en avaient point.

Les Pélicans offrent, dans la série, la première association d'oiseaux non seulement pour le lieu de leurs retraites d'habitation et de nidification, toujours par colonies, comme les espèces précédentes ; mais pour la recherche de leur nourriture, et l'organisation régulière et méthodique d'une véritable pêche générale à l'effet de recueillir en commun la quantité de poisson nécessaire à assouvir leur appétit ou à satisfaire les besoins de leur famille ; ils ont même des dépôts dans lesquels ils accumulent et entassent leurs provisions. Ce sont, en effet, de tous les oiseaux de mer, les plus infatigables et les plus insatiables destructeurs de poisson.

Du reste, leur caractère domesticable est familier.

On en compte une dizaine d'espèces appartenant aux contrées chaudes des deux mondes, au lieu de trois seulement que connaissait Buffon.

Les Pélicans sont aussi remarquables et intéressants par la hauteur de leur taille, qui atteint près de deux mètres, et par le sac qu'ils portent sous le bec, que par la célébrité fabuleuse consacrée par les emblèmes religieux des peuples, laquelle reposait sur une observation beaucoup plus proche de la vérité, que n'ont voulu l'admettre Buffon et l'abbé Bexon.

C'est, en effet, de l'habitude de vider leur poche ensanglantée, au bord du nid qui renferme leurs petits, qu'est née cette croyance populaire, *que le Pélican s'ouvrait l'estomac pour nourrir sa progéniture de ce qui s'y trouvait enfermé.* Pour qui n'aperçoit que de loin, et sans grande attention, cet acte de maternelle prévoyance, on peut se figurer aisément, à voir cette énorme poche ouverte, et garnissant tout le devant du corps depuis le menton jusqu'au bas de l'estomac, que toute la partie antérieure de l'oiseau, comme déchirée, laisse apparaître les entrailles au milieu de cette masse sanguinolente de poissons, et il n'y a rien d'étonnant à ce qu'on s'y soit mépris autrefois, dans l'enfance de la science.

Cette famille ne forme qu'un seul groupe générique.

GROUPE GÉNÉRIQUE UNIQUE
PÉLICAN, *PELECANUS* (Linn.).

Ses caractères sont, en dehors du bec et de la poche
ci-dessus décrits : des narines aussi presque invisibles que
la langue, placées à la racine du bec, ouvertes dans le sillon de la mandibule supérieure ; des ailes allongées, aiguës ;
une queue de moyenne longueur, ample, presque égale,
composée de dix-huit à vingt rectrices ; le bas des jambes nu
sur une petite étendue ; les trois doigts antérieurs et le
pouce unis par une palmature entière, étendue jusqu'à
leur extrémité, et, à la différence du Fou, l'ongle du doigt
médian lisse sur son bord interne.

Deux espèces seules se voient, nichent et se reproduisent en
Europe.

PL. 46. — PÉLICAN ONOCROTALE.

Pelecanus onocrotalus (Linn.).

Mâle adulte : en plumage de noces ; en entier blanc, nuancé de
rose clair, couleur qui disparaît chez l'oiseau mort, avec les plumes occipitales longues, effilées en forme de huppe pendante ;
région du jabot jaune d'ocre clair ; rémiges noires ; queue courte,
échancrée ; bec gris bleuâtre au milieu, en dessus et en dessous,
dans sa moitié postérieure, jaune tirant sur le blanc dans le reste
vers l'extrémité, avec des bandes sur les côtés, surmonté à sa
base d'une excroissance grosse et charnue, sinuée d'avant en
arrière à son sommet, haute de près de quatre centimètres et
recouverte des mêmes plumes que le front ; bords des mandibules
et l'onglet rouges ; yeux très petits ; iris rouge de cire foncé, avec
des raies blanchâtres, et la conjonctive saillante et d'un rouge

orange; partie nue de la face couleur de chair, avec le front tuméfié formant une protubérance ovale d'un rouge brique ; poche
gutturale d'un jaune d'ocre, veiné de rouge bleuâtre ; bas des
jambes tarses et doigts rosés, nuancés de jaune orange antérieurement et sur les articulations; palmature d'un jaune rougeâtre. Taille de un mètre quatre-vingt-seize centimètres environ.

C'est de la troisième à la quatrième année qu'il revêt son plumage complet.

Il est répandu dans les contrées orientales de l'Europe et en
Afrique, du Nord jusqu'au Sud ; commun dans le sud de la Hongrie, sur les côtes de la Dalmatie, en Moldavie, en Crimée et en
Grèce.

Niche à terre, dans le voisinage des eaux, principalement aux
endroits couverts de roseaux ; nous verrons à l'espèce suivante,
dont il a les habitudes, comment est établi et construit son nid.
Ses œufs, au nombre de trois ou quatre, sont d'un blanc pur très
mal recouvert d'une couche de matière crétacée d'un blanc laiteux. Ils mesurent de neuf à dix centimètres dans un sens, sur
soixante et un à soixante-cinq millimètres dans l'autre.

Il ne vit que de poissons qu'il pêche avec une rare habileté.

PL. 47. — PÉLICAN FRISÉ.

Pelecanus crispus (Bruch-Isis, 1832).

Mâle adulte : tête et cou d'un blanc argentin, avec les plumes
du vertex et de l'occiput allongées, soyeuses, très lâches et contournées, formant une espèce de touffe ; plumes du dos, scapulaires et couvertures supérieures des ailes longues et blanches,
avec la tige noirâtre ; rémiges primaires grises à la base et noires
dans le reste de leur étendue ; rémiges secondaires blanches et
grises à l'extrémité ; rectrices d'un blanc argentin avec les baguettes noires ; bec gris en dessus, maculé de bleu et de rouge ;
partie nue des paupières et lorums d'un rouge jaunâtre et bleuâtre près du bec ; iris jaune clair ; poche gutturale jaune orange,

veinée de gris et de rougeâtre, et masquée, de chaque côté, d'une
grande tache d'un cendré clair ; pieds d'un cendré foncé. Taille :
près de deux mètres (Gerbe).

Il habite l'Europe orientale, l'Asie et l'Afrique septentrionales. Jadis commun en Grèce, on le rencontre fréquemment et
presque partout en Dalmatie et dans la Russie méridionale ; plus
commun que le précédent dans les parages de la mer Noire, où
l'un et l'autre se reproduisent.

D'après M. Nordmann, il niche sur les îles voisines du Danube,
sur le Kouban, le Don et le Boug, et sur le littoral de la mer
d'Azoff, principalement dans les endroits couverts de roseaux :
nous allons voir comment.

Ils pondent deux à quatre œufs, généralement un peu plus
forts que ceux du Pélican blanc, ou onocrotale. Leur forme, comme
chez l'œuf de celui-ci, est celle d'un ovale allongé dont les deux
pôles sont presque égaux ; ils mesurent de neuf et demi à dix centimètres de grand diamètre, et de cinq et demi à six de petit ; ils
sont blancs et recouverts d'une couche crétacée également blanche, mais laiteuse. Il y a cela de particulier, c'est que, frais
pondus, l'un des bouts, celui qui sort le dernier du cloaque, est
presque toujours maculé de sang conservant sa couleur normale
pendant quelque temps et tournant à la longue au brun sale ou
verdâtre.

D'autres observations plus récentes ont été faites en Grèce,
par M. Hoderk, sur la même espèce qui, trop inquiétée, tendrait
à en disparaître pour se retirer dans des lieux moins accessibles à
l'homme.

On a cru, jusqu'à aujourd'hui, que les Pélicans ne nichaient que
sur de petites îles flottantes ; mais c'est précisément le contraire
qui a lieu, car ils les évitent avec soin, voulant avant tout être
garantis contre le vent et être exposés au lever du soleil.

M. le professeur Nordmann, qui a été témoin, le deux avril
1836, d'une de leur pêche en commun sur un des lacs Limans.
près Odessa, en parle en ces termes :

C'est ordinairement dans les heures de la matinée, ou le soir.

que les Pélicans se réunissent pour pêcher, procédant d'après un
plan systématique qui est apparemment le résultat d'une espèce
de convention. Après avoir choisi un endroit convenable, une
baie, où l'eau soit basse et le fond lisse, ils se placent tout autour en formant un grand croisant ou un fer-à-cheval ; la distance
d'un oiseau à l'autre semble être mesurée : elle équivaut à une
envergure de trois à quatre mètres. En battant fréquemment la
surface de l'eau avec leurs ailes déployées, et en plongeant de
temps en temps avec la moitié du corps, le cou tendu en avant,
les Pélicans s'approchent lentement du rivage, jusqu'à ce que les
poissons, réunis de la sorte, se trouvent réduits à un espace étroit.
Alors commence le repas commun.

Mais il arrive ici ce qui s'observe partout : c'est qu'une foule
d'autres oiseaux de mer, à l'affût des habitudes régulières de ces
industrieux pêcheurs, accourent, en véritables parasites, pour
profiter de leur travail et prendre indûment la part de son produit. Outre les quarante-neuf Pélicans dont la bande se compo-
sait, il s'était assemblé sur les tas d'ulves, de conserves et d'une
masse de coquilles rejetées par les vagues, des centaines de
mouettes, d'hirondelles de mer qui se préparaient à happer les
poissons chassés hors de l'eau, et à partager entre elles les restes du
repas. Enfin, plusieurs Grèbes, nageant dans l'espace circonscrit
par le demi-cercle tant que cet espace fût assez grand, prirent, eux
aussi, leur part du festin, en plongeant fréquemment après les
poissons effrayés et étourdis.

En 1867 et 1868, on pouvait estimer le nombre de Pélicans
frisés jusqu'à l'Ardjir et la Czernawoda à cinq mille individus qui
détruisent, dans ces parages, trois millions deux cent cinquante
mille kilogrammes de poisson par an. Mais à partir de cet endroit, en allant vers l'ouest, il était complètement impossible de
faire une estimation, même approximative, du nombre vraiment
incroyable des nichées de ces oiseaux, et c'est par millions qu'il
faut les compter. L'imagination renonce à se figurer la quantité
de poisson qui a été engloutie par ces légions de piscivores ou
d'ichthiophages.

Ce gigantesque oiseau vole avec une grande vigueur, avec une extrême rapidité pendant plusieurs heures ; lorsqu'il est chassé de son nid, il s'élève en un instant à une telle hauteur, que l'on peut à peine l'apercevoir. Cette grande puissance de vol serait néanmoins étonnante dans un oiseau qui pèse douze ou treize kilogrammes, si elle n'était merveilleusement secondée par la grande quantité d'air dont son corps se gonfle, grâce à un appareil pneumatique des mieux distribués, et aussi par la légèreté de sa charpente ; tout son squelette ne pèse pas un kilogramme.

Malgré leur aptitude à la domestication, dont les exemples ne manquent pas, il paraît que les Pélicans sont des oiseaux redoutables pour les animaux avec lesquels ils ne sympathisent pas.

Le Pélican, enfin, se rend l'auxiliaire de l'homme, d'une manière efficace et directe ; et les Chinois, sous ce rapport, ont su de tout temps l'apprivoiser et l'utiliser comme nous les verrons faire du Cormoran.

Quant à sa longévité, on la dit fort grande. On en cite ayant vécu quarante et quatre-vingts ans.

3ᵉ FAMILLE

LES PHALACROCORACES ou CORMORANS. — Phalacrocoracinæ.

Les Cormorans closent la tribu des Totipalmes.

L'abbé Bexon décrit ainsi le Cormoran : un assez grand oiseau à pieds palmés, aussi bon plongeur que nageur, et grand destructeur de poissons. Sa taille est généralement plutôt mince qu'épaisse et allongée par une grande queue plus étalée et beaucoup plus longue qu'elle ne l'est communément dans celle des oiseaux d'eau ; cette queue est composée de quatorze plumes raides. Mais cet allongement et cette raideur inusitée des plumes caudales a sa raison d'être.

Le Cormoran poursuit sa proie jusque dans les profondeurs des eaux ; et il a, dans sa queue, non seulement un puissant gouvernail, mais encore un véritable propulseur.

Il est juste d'ajouter que le Cormoran, lorsqu'il se repose
sur les rochers qui bordent la mer, s'appuie sur sa queue comme
sur un troisième pied. Il lui arrive aussi cette singulière habitude, ainsi posé, de se redresser sur ses pattes, le cou allongé, et
de rester immobile, les ailes entièrement étendues, soit lorsqu'il
pleut, pour mettre son intérieur au contact de l'eau, soit lorsque
luit le soleil, pour en sentir la chaleur. Tous actes auxquels l'aide
puissamment la raideur de sa queue.

Le Cormoran est du petit nombre des oiseaux marins qui ont
les quatre doigts assujettis et liés ensemble par une membrane
d'une seule pièce et dont le pied, muni de cette large rame,
semblerait indiquer qu'il est très grand nageur, ce qui est vrai ;
cependant, comme il ne va à l'eau que pour y chercher sa nourriture, il y reste moins relativement que plusieurs autres oiseaux
aquatiques, dont la palme n'est ni aussi continue, ni aussi
élargie que la sienne ; il prend fréquemment son essor et se
perche sur les arbres. Il a enfin le bec long, droit, comprimé,
à arête arrondie, avec la mandibule supérieure très courbée
vers la pointe qui est fortement crochue.

Dans quelques pays, comme la Chine, on a dû mettre à profit
le talent du Cormoran pour la pêche et en faire, pour ainsi dire,
un pêcheur domestique, en lui bouclant le cou pour l'empêcher
d'avaler sa proie. C'est le système qu'ont suivi, pour les pêches
aux Cormorans, dont ils ont donné le spectacle en France,
MM. Lecoutteux et de La Rue.

La famille ne forme encore qu'un groupe générique.

GROUPE GÉNÉRIQUE UNIQUE

CORMORAN, *PHALACROCORAX* (Brisson).

Bec fendu au delà de l'angle postérieur des yeux, plus long que la tête, assez épais, droit, comprimé, à bords lisses, à mandibule supérieure se relevant et arrondie au sommet qui se termine en une forte pointe crochue, à mandibule inférieure tronquée et s'emboîtant dans le crochet ; narines basales, dans un long sillon ; ailes médiocres, sub-aiguës, avec les bras assez longs, mais garnis de pennes courtes, ne recouvrant que la base de la queue ; celle-ci allongée, arrondie, composée de pennes raides, à baguettes élastiques ; bas des jambes entièrement emplumé ; tarses aplatis latéralement, très courts, du tiers de la longueur du doigt médian, dont l'ongle est pectiné sur son bord interne.

On compte une quarantaine d'espèces de Cormorans des diverses parties du monde, dont la taille varie de soixante-dix-huit à quarante-huit centimètres. La couleur dominante de leur plumage est, en dessus, d'un brun noir foncé à reflets bronzés, plus ou moins entremêlé de blanc en dessous.

Ils nourrissent leurs petits en leur dégorgeant les aliments plus ou moins élaborés. Les deux sexes participent à l'acte de l'incubation ; et leurs petits ne vont à l'eau qu'après avoir perdu leur duvet.

Leur tête est sensiblement aplatie, comme chez presque tous les oiseaux plongeurs ; leurs yeux sont placés très en avant et près des angles du bec.

Trois espèces seulement les représentent en Europe. Quelques-uns portent des caroncules et tous ne sont pas privés

d'ornements, à commencer par le Cormoran ordinaire, qui habite
l'Europe, la Sibérie et le nord de l'Amérique.

PL. 48. — LE CORMORAN ORDINAIRE.

Phalacrocorax carbo (Leach, *ex* Linn.). — *Pelecanus carbo* (Linn.).

Mâle adulte : presque en totalité d'un vert foncé ou noirâtre
à reflets ; occiput garni de plumes allongées formant huppe ;
vertex couvert de plumes effilées et soyeuses d'un blanc argentin ;
partie nue de la gorge jaunâtre, encadrée d'un large collier blanc
terne se prolongeant jusqu'aux yeux, et bordé de noir verdâtre ;
grand espace blanc pur en dehors des jambes ; rémiges et
rectrices noires. Bec noirâtre ; iris vert d'eau ; partie nue des
paupières et des joues verdâtre ; pieds noirs. Longueur totale :
soixante-dix-sept à soixante-dix-huit centimètres.

On remarque fréquemment, et chez un grand nombre d'individus, au sommet de la tête et au cou, des faisceaux de petites
plumes blanches décomposées, ressemblant à un reste de duvet
du premier âge. Il convient d'observer, avec Temminck, que ces
plumes paraissent au printemps, dans les interstices des autres
plumes du corps que la seconde mue ne fait point tomber. Les deux
sexes en sont ornés ; et ces plumes accessoires, véritablement
caduques, tombent les premières, même avant l'époque de la
mue d'automne, ce qui fait qu'on ne trouve de Cormorans de
cette livrée que vers le temps des amours ou celui de l'incubation.
Elles ne sont donc pas, comme l'a cru G. Cuvier, un attribut des
mâles.

En France, dit Gerbe, il vit sédentaire sur quelques points
des côtes de l'Océan, et se montre de passage régulier, au
printemps et à l'automne, dans beaucoup de localités de nos
départements septentrionaux limitrophes de la mer.

Il se reproduit dans le Boulonnais, sur les falaises qui bordent la mer, depuis Montreuil jusqu'à Dieppe, sur presque toutes
les côtes rocheuses et les îles de la Bretagne ; et dans les rochers
de Biarritz, près de Bayonne.

C'est sur les arbres, assez souvent parmi les rochers, qu'il construit son nid ; rarement il l'établit au milieu des joncs, du moins en France. Il en est autrement dans les polders de la Hollande, d'après les intéressants détails donnés par Sonnini, sur les colonies de Cormorans d'Yssel-Meer. Ce nid, dans les hautes falaises de Dieppe, est épais, composé de racines, de brins de bois sec et de tiges vertes de colza, solidement entrelacés, et garni d'herbes vertes à l'intérieur. C'est ainsi que l'y a toujours observé Hardy. Ils ne craignent même pas, dans cette dernière localité, dit cet observateur, le voisinage d'une ou deux paires de Faucons pèlerins, qui y ont pris gîte depuis longues années.

Sa ponte y est de quatre ou cinq œufs, dont nous avons déjà décrit les caractères, et dont les dimensions sont de soixante à soixante-six millimètres pour le grand diamètre, et de quarante à quarante-deux pour le petit.

Il arrive à ce Cormoran, ce qui arrive probablement à beaucoup d'autres de ses congénères, de s'égarer dans l'intérieur des terres en certaines saisons.

PL. 49. — LE CORMORAN HUPPÉ.

Phalacrocorax cristatus (Steph., *ex* Fabr.). — *Pelecanus graculus* (Linn.).

Entièrement d'un vert foncé, à reflets bronzés sur les parties supérieures du corps, avec les scapulaires et les couvertures des ailes encadrées par une bande étroite d'un noir velouté ; plumes médianes du vertex allongées, formant une sorte de toupet susceptibles d'épanouissement et d'érection. Bec brun, avec la base et la partie nue de la gorge jaunes ; iris vert de bouteille ; pieds noirs. Taille de cinquante à soixante centimètres.

Habite les côtes occidentales de l'Europe, et quelques-unes des îles de la Méditerranée, telles que la Sardaigne, la Corse, etc. Se montre accidentellement sur les côtes de Picardie.

Vit sédentaire et se reproduit en assez grand nombre aux îles de Jersey, Guernesey, Wilh ; et dans les rochers qui bordent les environs de Cherbourg, ainsi que sur plusieurs points du Finistère. Ses œufs mesurent de cinquante-sept à soixante millimètres de grand diamètre, sur trente-six à trente-huit de petit.

PL. 50. — LE CORMORAN PYGMÉE.

Phalacrozorax pygmæus (Dumont, *ex* Pall.). — *Pelecanus pygmæus* (Palas).

Mâle adulte : dessus et dessous du corps d'un noir verdâtre, avec un grand nombre de points et de petits traits blancs formés de petites plumes déliées, aux joues, au ventre, au cou et en dehors des jambes ; scapulaires et couvertures supérieures des ailes d'un brun cendré à reflets, bordées de noir velouté ; plumes occipitales allongées comme chez le Cormoran ordinaire ; rémiges et rectrices d'un noir verdâtre profond. Bec, partie nue des paupières et de la gorge noirs ; iris d'un noir bleu ; pieds d'un cendré noirâtre. Taille de cinquante à cinquante-cinq centimètres.

Habite l'Asie septentrionale et occidentale, l'Europe orientale et l'Afrique septentrionale.

Selon MM. Naumann et Baldamus, il se reproduit en assez grand nombre dans le sud de la Hongrie, en Valachie, en Moldavie. Ce dernier en a rencontré des nids dans les marais du Banat, de la Save et du Danube. Ces nids reposaient, soit sur des arbres, soit sur des arbrisseaux, et souvent à côté de nids de Hérons, dont il semble rechercher la société. Ses œufs mesurent de quarante-huit à cinquante et un millimètres de grand diamètre, sur trente et un à trente-trois de petit.

3e SOUS-ORDRE

LES PALMATI-GRALLES

PALMATI-GRALLÆ

TRIBU UNIQUE

A l'exemple de Gerbe, nous constituons ce sous-ordre pour une seule tribu ne comprenant elle-même qu'une famille représentée par un unique groupe, celui des Flamants ou Phénicoptérinés. Totipalmes par le caractère organique de leur œuf, ainsi que nous l'expliquerons, ils sont Échassiers par l'extrême longueur de leurs jambes, véritables échasses terminées par trois doigts entièrement palmés, avec le pouce libre, et établissent, par la combinaison de ces rapports extrêmes, le lien de transition, aussi naturelle que possible, de la tribu qui précède à celle qui va suivre.

FAMILLE UNIQUE

PHÉNICOPTÉRINÉS ou FLAMANTS, *PHÆNICOPTERINÆ*.

A la suite des Totipalmes, nous voyons surgir tout à coup un type de Nageur-Échassier se rattachant intimement, par ses caractères zoologiques, aux Pélicans d'une part et, par un de ses caractères organiques, aux Lamellirostres ou Canards qui viennent ensuite. Il faut supposer que cette famille des Flamants, assez nombreuse par ses individus, avait encore, au moment de son apparition sur le globe, d'autres congénères organisés sur le même type, mais disparus depuis, ou dont on ne retrouve guère de traces fossiles.

GROUPE GÉNÉRIQUE UNIQUE
PHÉNICOPTÈRE ou FLAMANT,
PHÆNICOPTERUS (Linn.).

A part la teinte de son plumage couleur de feu, le Flamant a d'autres caractères assez frappants : son bec, d'une forme extraordinaire, aplati, fortement fléchi et presque brisé en-dessus, comme une large cuiller ; ses jambes d'une excessive hauteur; son cou long et grêle, son corps haut monté, offrent une figure d'un beau bizarre, selon l'expression de Buffon, et d'une forme distinguée parmi les plus grands oiseaux aquatiques et de rivages. Le Flamant, en effet, parait faire la nuance entre la grande tribu des oiseaux de rivages, par la dimension de ses jambes, et celle tout aussi grande des oiseaux navigateurs, desquels il se rapproche par les pieds à demi palmés, et dont la membrane, qui unit seulement les trois doigts, et de l'une à l'autre pointe, se retire dans son milieu par une double échancrure. Tous les doigts sont très courts, et l'intérieur est fort petit, le corps l'est aussi relativement à la longueur des jambes et du cou ; enfin la queue est très courte et dépassée par les ailes.

Ses mœurs ne sont pas moins singulières que ses indications zoologiques.

Les Flamants, dont l'abbé Bexon, comme Buffon, ne connaissait qu'une seule espèce, le Flamant rose ou des anciens, celle commune au midi de l'Europe et à l'Afrique, forment aujourd'hui une petite famille composée de six espèces, réparties entre les quatre parties du monde, dont nous ne décrirons que celle particulière à l'Europe avant d'entrer dans le détail de leurs mœurs.

PL. 51. — LE FLAMANT ou PHÉNICOPTÈRE ROSE, ou DES ANCIENS.

Phœnicopterus roseus (Pall.).

Mâle adulte : d'un beau rose clair, avec des teintes plus
vives sur la tête, le dos, les barbes externes des pennes caudales ; les couvertures supérieures des ailes sont d'un rouge
ardent; les rémiges d'un noir profond. Le bec est d'un rouge
rose, quelquefois d'un rouge orange pâle, avec la pointe noire ;
l'iris d'un jaune brillant; les pieds sont d'un rose rouge. Sa taille
varie de un mètre trente à un mètre cinquante centimètres environ.

Il habite le midi de l'Europe, l'Asie occidentale et le nord de
l'Afrique.

On le trouve en grand nombre dans les parages de la mer
Caspienne ; il se montre aussi, mais plus rarement, dans ceux de
la mer Noire ; il n'est pas rare sur plusieurs points des côtes
orientales de l'Espagne, et, en France, dans les vastes étangs
salins qui s'étendent à droite et à gauche de l'embouchure du
Rhône, depuis Bouc jusqu'aux Cabanes. Quelques individus égarés ont été tués en Savoie, près de Strasbourg et sur d'autres
points de l'intérieur de la France.

On voit, quelquefois, en effet, mais non tous les ans, arriver
le Flamant sur les côtes de nos départements méridionaux. Cet
oiseau est connu, dans quelques parties du Languedoc, sous le
nom de *Becharu*, contraction des mots *Bec-de-Charrue*, et ce nom
lui convient assez bien, tant à cause de la forme de son bec, qui
est figuré comme un soc de charrue, que par l'usage qu'il en fait
pour labourer le limon des plages, en cherchant les insectes et
les mollusques dont il se nourrit. Dans d'autres cantons, on le
nomme *Flamant*, et ce nom, qui est beaucoup plus généralement connu, puisqu'il lui est resté, lui vient de la couleur de feu
de son plumage, d'où son nom portugais *Flamingo*.

Quelque extraordinaire que soit la manière de nicher, ou
plutôt de couver des Flamants, les voyageurs anciens, comme

les voyageurs modernes, sont à peu près d'accord dans les descriptions qu'ils en font.

Chaque nid est un cône élevé de quarante-cinq à cinquante centimètres, et dont la partie supérieure est tronquée et concave comme le fond d'un nid ordinaire, mais sans être tapissé de plantes. Chaque nid est distant de quatre-vingt-trois centimètres de ceux qui l'entourent.

Les œufs des Flamants, généralement au nombre de deux, comme nous l'avons dit, sont d'un blanc pur très mat, sans taches, recouverts d'une forte couche crayeuse, si peu adhérente parfois qu'elle enduit les doigts comme du plâtre. Les dimensions de ceux du Flamant sont de huit à neuf centimètres pour le grand diamètre, et de cinq à cinq et demi pour le petit ; leur forme est allongée, une extrémité plus pointue que l'autre ; la transparence de la coquille est d'un verdâtre très prononcé.

La nourriture des Flamants est à peu près la même dans tous les pays : ils mangent des coquillages, des œufs de poissons et des insectes aquatiques ; ils les cherchent dans la vase en y plongeant le bec et partie de la tête ; ils appuient la portion plate du dessus de la mandibule supérieure sur la terre, remuant en même temps et continuellement de haut en bas ; en un mot, ils piétinent pour porter la proie avec le limon dans leur bec, dont la dentelure intérieure sert à la retenir. Sur les côtes d'Europe notamment, on le voit se nourrir de poissons, ces dentelures n'étant pas moins propres que de véritables dents pour retenir cette proie glissante.

Le Flamant ne serait pas plus difficile à domestiquer que les autres oiseaux palmipèdes ; seulement il faut l'avoir jeune.

Les anciens faisaient un grand cas de la chair des Flamants qui, à certaines époques de l'année, sont assez communs en Grèce et dans le midi de l'Italie, et ils servaient ces oiseaux dans les meilleurs repas. On a souvent cité l'histoire de l'Empereur Héliogabale, entretenant des troupes de chasseurs chargés de lui fournir les langues de ces oiseaux en abondance.

4ᵉ SOUS-ORDRE

LES LAMELLIROSTRES

PALMIPEDES LAMELLIROSTRIS

TRIBU UNIQUE

ANATINÉS ou CANARDS, *ANATINÆ*

Nous voici arrivé à la dernière division de l'ordre des Palmipèdes-Nageurs : c'est aussi la plus considérable, puisqu'on compte aujourd'hui près de cent quatre-vingts espèces répandues sur toutes les parties du globe, sans exception. De ce grand nombre, il résulte une confusion d'aptitudes diverses, au travers de laquelle il n'est pas sans difficulté de se guider, à l'effet d'établir quelques caractères spéciaux de mœurs.

La nourriture des Lamellirostres ou Canards consiste en poissons, mollusques, insectes aquatiques, graines et végétaux. Les uns habitent les eaux salées et les bords de la mer et se voient peu à terre ; d'autres vivent sur les eaux douces ; la plupart se submergent lorsqu'ils sont vivement poursuivis ; plusieurs espèces plongent tout le corps, et restent assez longtemps sous l'eau pour saisir les aliments qui leur sont nécessaires ; d'autres, pour cela, se bornent à faire usage de leur long cou, en ayant la tête plongée. Tous ont la démarche vacillante et embarrassée. Ils fournissent un bon aliment ; se laissent, sauf quelques exceptions, facilement élever en domesticité, où ils arrivent même, pour le plus grand nombre, à se reproduire et à multiplier ; et plusieurs, par l'éclat ou le contraste des couleurs de leur plumage, font l'ornement des parcs et des pièces d'eau où ils se trouvent.

Leurs caractères zoologiques généraux sont : d'avoir le bec formé d'une substance molle et membraneuse, sauf un crochet terminal qui en forme la pointe, avec les bords des deux mandibules garnis de lamelles ou dents plus ou moins fines ou résistantes, d'où leur nom de *Lamellirostres*; enfin, les trois doigts antérieurs seulement unis par une membrane, le pouce restant libre et légèrement élevé au-dessus du sol; parfois lobé, c'est-à-dire garni en dessous d'une excroissance membraneuse figurant le rudiment d'une membrane natatoire isolée, ce qui caractérise les meilleurs plongeurs d'entre eux.

Un autre caractère, qui leur est plus spécial, est à remarquer : de tous les oiseaux, et principalement de ceux qui vivent sur l'eau, les Lamellirostres sont ceux qui, avec et après le Flamant, ont la langue la plus volumineuse, la plus charnue, la plus papilleuse, la plus couverte de mucosités, et celle qui, à part la mobilité, a le plus d'analogie avec celle des mammifères; elle est terminée à sa pointe par une sorte d'onglet cartilagineux.

Plusieurs espèces, enfin, ont le poignet de l'aile orné d'un éperon plus ou moins acéré qui n'est autre chose qu'une apophyse du métacarpe, ou l'os qui forme la troisième partie de l'aile des oiseaux, et près de son articulation avec la seconde partie ; cette apophyse est formée par un prolongement de la substance osseuse et recouverte par une matière semblable à celle de la corne. Cette apophyse, véritable arme propre à l'attaque et à la défense, sert en même temps à quelques-uns pour se creuser des terriers, à quelques autres, étrangers à l'ancien monde, pour remonter les cascades et les torrents au travers des roches auxquelles ils se cramponnent.

Du reste, les uns construisent leurs nids avec des graminées, des roseaux, du goëmon ou du varech, soit au bord des eaux, soit à terre ; les autres nichent dans les rochers ou sur les arbres. même à d'assez grandes hauteurs ; plusieurs font des terriers ou s'emparent de ceux déjà pratiqués par d'autres animaux, pour s'y établir.

Mais ils se distinguent de tous les oiseaux que nous avons passés en revue jusqu'ici, par une disposition toute particulière qu'observent leurs bandes nombreuses dans leurs transports en masse à grandes distances, et dans leurs lointaines migrations. Les oiseaux qui précèdent, en si grand nombre qu'ils se trouvent réunis et qu'ils parcourent l'air, volent par troupes désordonnées et comme s'il ne s'agissait entre eux que d'une lutte de vitesse.

Il n'en est pas de même pour les oiseaux qui nous occupent. Chez eux, l'ordre du départ et de la marche est établi et observé avec une régularité parfaite. Les vieux d'abord sont en tête ; les jeunes viennent ensuite. Ce n'est pas tout : comme les premiers sont chargés de diriger les autres, ils pratiquent une méthode invariable. Ou ils sont disposés en ligne perpendiculaire à la marche suivie, ce qui est le cas le plus rare, ou, ce qui est le plus ordinaire, ils dessinent un angle fendant l'air : le chef prend la tête ; les autres, à partir de celui-ci, sont rangés sur deux lignes s'écartant par la base, et formant un angle dont il est le sommet ; lorsque sa corvée est suffisamment faite, ou que la fatigue le gagne, il cède sa place à un autre, et ainsi de suite jusqu'au dernier, ceux qui se retirent allant reprendre la file. C'est cette disposition régulière et en quelque sorte géométrique qui a fait dire qu'ils dessinaient dans leur vol des caractères alphabétiques, quoique la seule lettre qu'on puisse y reconnaître, avec quelque bonne volonté, soit le premier de ces caractères, que représente le mieux un angle ouvert, comme celui qu'ils forment en réalité.

Presque tous les Lamellirostres sont crépusculaires, leurs allures étant plus de nuit que de jour : ils paissent, voyagent, arrivent et partent principalement le soir, et même la nuit ; la plupart de ceux que l'on voit en plein jour ont été forcés de prendre essor par les chasseurs ou par les oiseaux de proie. La nuit, le sifflement du vol et le bruit uniforme de leur cri décèlent leur passage. Cette habitude est une nécessité de leur conservation pour leur éviter les poursuites des Faucons et des Aigles.

Quant à leur organisation intérieure, la charpente osseuse, l'appareil sternal et toutes les formes intérieures des uns et des autres sont en rapport avec toutes les fonctions dont nous venons de parler. Mais ce qui leur est particulier, c'est une diversité étonnante dans la conformation de leur trachée, diversité telle qu'elle varie, sinon d'une espèce, du moins d'un groupe à l'autre. Il faut, à ce sujet, consulter Sabine, qui en a fait une très bonne étude anatomique, surtout au point de vue des voies respiratoires de toute la famille, étude dont s'est servi Temminck.

Chez tous, les femelles couvent seules, et les mâles se tiennent simplement dans le voisinage du nid ; aucun d'eux ne nourrit les petits, qui vont à l'eau aussitôt leur naissance.

Enfin, quoique privés d'ornements, quelques espèces sont pourvues d'expansions charnues, plus ou moins vasculaires ou sanguines, tantôt au-dessous du bec et du menton, tantôt à la naissance supérieure du bec, tantôt en forme de caroncules garnissant le front.

La concordance des indications oologiques est des plus précises pour les oiseaux de cette tribu ; elle se fait remarquer, à part la forme ovalaire de leurs œufs et l'absence de toute maculature, par un caractère particulier : celui de l'aspect graisseux du teste calcaire qui en rend les pores imperceptibles. Un seul groupe fait exception.

La tribu des Anatinés ou Canards comprend cinq familles ayant leurs représentants en Europe :

Les HARLES ;

Les HYDROBATES, ou ERIMISTURES ;

Les CANARDS proprement dits, ou ANATIENS ;

Les OIES,

Et les CYGNES.

1re FAMILLE

LES HARLES ou MERGINÉS. — Merginæ (Ch. Bonaparte).

Cette famille, dont on a voulu faire plusieurs groupes, tels que Mergansères ou Harles-Oies ; Merges ou Harles proprement dits ; Lophodytes et Mergelles ou petits Harles, n'en compose réellement qu'un.

GROUPE GÉNÉRIQUE UNIQUE
HARLE, *MERGUS* (Linn.).

Les Harles, dont on connait aujourd'hui une dizaine d'espèces, sur lesquelles trois sont censées appartenir à l'Europe où elles sont de passage régulier, et où une seule niche, forment le lien presque naturel des Cormorans à la tribu des Lamellirostres. Leur bec est à peu près cylindrique et droit jusqu'à la pointe, qui est crochue et fléchie en manière d'ongle courbé, d'une substance dure et cornée, comme celui des Cormorans; mais il en diffère en ce que les bords en sont garnis de dents dures, très fermes, dirigées en arrière; la langue est hérissée de papilles également dures, comme chez la langue du Flamant, et tournées dans le même sens que les dentelures du bec, ce qui sert à retenir le poisson glissant, et même à le conduire jusque dans le gosier de l'oiseau ; aussi, par une voracité peu mesurée, avalent-ils des poissons trop gros pour entrer tout entiers au fond de l'œsophage, et qui se digèrent, ainsi que chez le brochet, avant que le corps puisse y descendre.

Les Harles nagent tout le corps submergé, et la tête seule hors de l'eau, comme les Plongeons, près desquels les plaçait Buffon ; excellents plongeurs, ils vont chercher à des profondeurs considérables le poisson qu'ils aperçoivent au fond de l'eau, y restent longtemps, et y parcourent, à l'aide de leurs ailes, un grand espace avant de reparaître. Quoiqu'ils aient les ailes médiocrement allongées, leur vol est rapide et soutenu ; et le plus souvent, ils filent au-dessus de l'eau. On a observé que leur trachée artère a trois renflements, dont le dernier, après la bifurcation, renferme un labyrinthe osseux : cet appareil contient de l'air que l'oiseau peut respirer sous l'eau, ce qui facilite et explique en même temps son aptitude à s'immerger.

Les Harles, du reste, sont assez élégants de formes et portent le sommet de la tête garni d'une huppe plate de plumes allongées.

Ils établissent leurs nids au bord des eaux, ou dans des trous de racines de vieux arbres; quelquefois, sur de vieux têtards de saules ou de chênes.

PL. 52. — LE HARLE BIÈVRE ou GRAND HARLE.

Mergus merganser (Linn.).

Mâle adulte : tête et moitié supérieure du cou d'un noir verdâtre, à reflet bronzé sur la gorge, avec des plumes fines, soyeuses, longues et relevées en hérisson depuis la nuque jusque sur le front, grossissant beaucoup le volume de la tête; dos de trois couleurs, noir sur le haut et sur les grandes pennes des ailes, blanc sur les moyennes et la plupart des couvertures, et joliment liseré de gris sur blanc au croupion; devant du corps d'un blanc nuancé de rose jaunâtre, tirant sur le beurre frais, s'éclaircissant sur les côtés; queue d'un gris cendré. Bec rouge brunâtre, avec le dessous, l'onglet et la mandibule supérieure, sur la ligne médiane, d'un noir verdâtre; iris rouge; pieds d'un rouge de corail. Taille de soixante-six centimètres.

La belle teinte rosée de la poitrine, si analogue à celle qui distingue plusieurs espèces de Mouettes et de Goëlands, disparaît, de même que chez ceux-ci, peu de temps après que l'oiseau a été préparé et monté; la plupart des individus déposés dans les collections ont ces parties colorées simplement d'un blanc jaunâtre ou d'un blanc pur.

La *femelle*, plus petite, se distingue du mâle par la couleur de sa huppe, de sa tête, et de la partie supérieure du cou, d'un brun rougeâtre; et par celle du ventre et de l'abdomen, d'un blanc jaunâtre.

Belon avait déjà dit, à l'encontre d'Aldrovande, que le grand

Harle, son *Bièvre*, perche et fait son nid sur les arbres ou dans les rochers ; l'opinion d'Aldrovande, voulant qu'il niche au rivage et ne quitte pas les eaux, a prévalu jusqu'à ce jour. Et cependant Belon était dans le vrai, ainsi que le démontre l'observation qu'en a faite, en 1865, M. Vouga (1).

Il pond de dix à douze œufs, de sept centimètres de long sur cinq de large, d'un blanc jaunâtre, uniforme et sans taches, à peu près également arrondis aux deux extrémités.

Il établit quelquefois son nid au bord des lacs, sur des troncs de peupliers coupés à six ou dix mètres au-dessus du sol, au milieu de jeunes branches fraîchement repoussées, qui le dérobent aux regards ; le nid est alors en forme d'aire, et composé de bûchettes et d'herbes sèches.

Il résulte de toutes les observations faites à ce sujet, qu'aussitôt éclos dans leur arbre, les jeunes Harles sont transportés par leur mère sur l'eau, qu'ils ne doivent plus quitter jusqu'au moment où les soins de leur propre couvée les appellent à leur tour à établir leurs nids sur les arbres, ou éloignés du même lac qu'ils habitent, ou les avoisinants.

Beaucoup plus farouches qu'aucun de leurs congénères, on ne paraît pas être encore parvenu à les élever en domesticité.

PL. 52. — HARLE HUPPÉ.

Mergus serrator (Linn.).

Mâle adulte, au printemps : tête, huppe longue et effilée, et partie supérieure du cou d'un noir verdâtre à reflets ; collier blanc entourant le cou ; poitrine d'un brun roussâtre marquée de taches noires ; à l'intersection des ailes cinq ou six grandes taches blanches, bordées de noir ; miroir de l'aile blanc, coupé par deux bandes transversales noires ; haut du dos et scapulaires d'un noir profond ; ventre blanc, cuisses et croupion rayés de

(1) Voir *Bulletin de la Société ornithologique suisse.*

zigzags cendrés. Bec et iris rouges ; pieds orange. Taille de cinquante-six à cinquante-sept centimètres.

La *femelle* a la tête, la huppe et le cou d'un brun roussâtre ; la gorge blanche, le cou et la poitrine variés de cendré et de blanc , les parties supérieures et les flancs d'un cendré foncé, et le blanc du miroir coupé par une bande cendrée.

Habite les régions arctiques des deux mondes ; très abondant, en hiver, sur les côtes de France et de Hollande ; beaucoup moins commun en Savoie.

Vit, comme le grand Harle, de poissons et de reptiles, et, comme lui , en avale quelquefois d'assez gros. Mais, en les poursuivant précipitamment sous l'eau, il s'empêtre par moment dans les filets des pêcheurs. M. Bailly a reçu trois sujets pris de la sorte dans le lac du Bourget ; deux d'entre eux avaient dans l'œsophage un poisson qui semblait presque de la grosseur de leur cou.

Pond de huit à treize œufs, d'un gris jaunâtre, sans taches. Ils mesurent de soixante-trois à soixante huit millimètres dans un sens, et de quarante-trois à quarante-cinq dans l'autre.

PL. 53. — HARLE PIETTE.

Mergus Albellus (Linn.).

Mâle adulte : une grande tache d'un noir verdâtre de chaque côté du bec ; une semblable, mais longitudinale, sur l'occiput ; une huppe touffue ; cou, scapulaires, petites couvertures des ailes et toutes les parties inférieures d'un blanc très pur ; haut du dos, deux croissants se dirigeant sur les côtés de la poitrine, et bords des scapulaires, d'un noir profond ; flancs et cuisses variés de zigzags cendrés ; queue cendrée. Bec, tarses et doigts d'un cendré bleuâtre ; membranes des doigts noires ; iris brun. Taille : quarante-deux centimètres.

La *femelle* n'a ni huppe à l'occiput, ni tache noire aux joues, ni croissants noirs sur les côtés de la poitrine ; elle est colorée d'un roux brunâtre à la tête et à la nuque ; d'un blanc pur en dessous, d'un brun lavé de cendré, sur le dessus du corps, avec les petites couvertures alaires blanches.

Le Harle Piette habite, l'été, les contrées boréales des deux mondes, et se répand, en hiver, dans les pays tempérés et méridionaux. De passage, en automne, mais surtout en hiver, en Angleterre, en Allemagne, en Hollande, en France, en Savoie, et jusqu'en Italie.

Il vient se montrer tous les ans, dit M. Bailly, sur les lacs et les rivières, vers la fin d'octobre, et plus particulièrement en novembre ou décembre. A la fin de l'hiver, il effectue un second passage un peu plus nombreux que le premier.

Il niche, dit-on, sur le bord des lacs et des rivières, parmi les herbes ou les arbrisseaux, et pond huit ou dix œufs d'un blanc roussâtre, ayant de quarante-trois à quarante-cinq millimètres de grand diamètre, et trente-trois à trente-quatre de petit.

2e FAMILLE

LES HYDROBATES ou ERIMISTURINÉS. — Erimisturinæ (Ch. Bonap.).

Ne composent qu'un seul groupe générique.

Cette famille comprend, dans la méthode, les groupes suivants : Biziures, Thalassornis et Erimistures proprement dites, que nous réunissons en un seul, sous ce dernier nom.

GROUPE GÉNÉRIQUE UNIQUE
ÉRIMISTURE, *ERIMISTURA* (Ch. Bonap.).

Bec, de la longueur de la tête, renflé et formant bosse à
son sommet, dessinant à partir de cette base une courbe
rentrante et très prononcée, pour se relever à son extrémité,
qui est très déprimée, dilatée, et plus large que le corps du
bec ; le bord des mandibules denticulé de petites lamelles
striées perpendiculairement ; onglet apical petit, évasé et
recourbé sur lui-même ; narines percées à la base du renflement frontal et ovales ; ailes très courtes, aiguës ; queue
allongée, conique, large, à pennes raides, pointues et en
gouttières ; tarses courts, et de la moitié à peine du doigt
médian.

Avec des caractères aussi tranchés de ceux des autres Lamellirostres, les Érimistures devaient également s'en différencier
par les habitudes. Ils ont en commun, il est vrai, avec les Harles
leur faculté d'immersion ; mais ils ont, dans leur queue, un organe qui leur vient encore un peu plus en aide dans leur chasse
aux poissons. Toutefois, pour bien connaître leurs mœurs, à défaut
d'observations sur notre seule espèce d'Europe et de France, c'est
chez deux naturalistes de l'autre monde qu'il les faut chercher.
On doit, en effet, le peu que l'on en connaît jusqu'à ce jour, aux
études faites par MM. Gosse et Hill, de la Jamaïque, sur une
espèce américaine, l'Érimisture dominicaine, ou à queue épi-
neuse (1).

Les Érimistures volent quelquefois d'un bord à l'autre des
étangs ou des mares qu'ils fréquentent, ou plutôt voltigent avec
de grands battements d'ailes, et d'un effort pénible, en faisant

---

(1) *Erimistura dominica*, ou *spinosa*.

réjaillir l'eau de laquelle ils s'élancent ; on en voit aussi prendre un vol plus élevé. Lorsqu'ils ne sont pas troublés, ils restent long-temps posés à la même place et s'occupent, pendant des heures entières, à lisser leurs plumes.

Le caractère le plus particulier des Erimistures, et qu'ils partagent, en l'exagérant même, avec les Cormorans, c'est la rigi-dité, non seulement de la tige des pennes de leur queue, mais celle de leurs barbes insérées sur un plan en forme de toit, incli-nées qu'elles sont de deux côtés vers le bas. Mais nous venons de voir, d'une part, que, hors de l'eau et au repos, ces Lamelli-rostres se placent horizontalement sur leurs pieds, comme tous les Canards, ou appuyés à terre sur leur ventre ; tandis que les Cor-morans se servent de leur queue, dans l'eau, pour plonger ; sur le sol, comme de soutien ou de véritables sièges pour y faire por-ter tout le poids de leur corps perpendiculaire ; elle est donc inu-tile à terre aux Erismistures.

Une dernière particularité organique, enfin, des Erimis-tures réside dans la contexture de l'enveloppe calcaire de leur œuf.

Il offre une des premières exceptions, dont nous avons parlé, au luisant adipeux de la coquille, chez le plus grand nombre d'espèces des Anatinés, par un aspect tout au contraire grenu de ce tégument, qui est rude au toucher.

PL. 54. — ÉRIMISTURE ou CANARD COURONNÉ.

Erimistura leucocephala (Ch. Bonap., *ex* Scopoli).

Mâle adulte : sommet de la tête d'un noir profond ; front, joues, gorge et occiput d'un blanc pur ; parties inférieures du cou et nuque noires ; poitrine, parties supérieures du corps et flancs d'un roux foncé, coupé de fines lignes en zigzags d'un roux noi-râtre ; croupion d'un roux pourpré ; queue noire ; couvertures su-périeures des ailes d'un cendré brun, variées de taches et de zig-zags grisâtres et roussâtres ; rémiges d'un brun clair ; parties in-férieures d'un blanc roussâtre, coupé transversalement de raies

en zigzags. Bec d'un bleu vif; iris d'un jaune d'or ; pieds d'un
brun cendré. Taille de cinquante et un centimètres.

La *vieille femelle* a toutes les couleurs rousses nuancées de
brun cendré ; le sommet de la tête, l'occiput et la nuque d'un brun
foncé ; et la gorge, les joues, ainsi que le devant du cou, d'un blanc
jaunâtre. Le bec et les pieds sont roussâtres.

Habite les lacs salés des contrées orientales de l'Europe ; très
abondant en Russie, en Livonie et en Fionie ; de passage en Hongrie et en Autriche ; jamais en Hollande ; très accidentellement
en France, et même en Sardaigne et en Grèce.

Quant à sa nourriture, il faut que le régime végétal occupe
une certaine place dans l'alimentation des Érimistures, puisque
M. Gosse n'a trouvé dans l'estomac d'un de ceux de l'espèce dominicaine, qu'il a tiré à la Jamaïque, que des grains concassés
et réduits en très petits fragments ; et que M. Bouteille, de son
côté, en France, n'a également trouvé, dans le jabot de quatre
individus d'Érimistures couronnés, achetés au marché de Gre-
noble, que du gravier et quelques graines noires qu'il a cru appartenir au genre *Carex*, de la famille des Cypéracées. On peut
conjecturer, cependant, d'après leurs habitudes exclusivement
aquatiques, qu'ils y joignent à l'occasion quelques autres sub-
stances plus ou moins animalisées, et même de petits poissons et
des mollusques, comme l'indique Temminck.

Il niche sur le bord des mers et sur les lacs de la Russie ;
construit en joncs un nid qui flotte sur les eaux au moyen d'at-
taches ou de liens mobiles, presque à l'instar du nid du Grèbe
Castagneux, et y pond huit œufs rugueux, d'un blanc plus ou
moins pur ou jaunâtre, dont la dimension est de soixante-sept à
soixante-dix centimètres pour le grand diamètre, et de cinquante
et un à cinquante-trois pour le petit.

3ᵉ FAMILLE

ANATINÉS (Canards proprement dits). — **Anatinæ** (Ch. Bonap.).

La famille des Anatinés est la plus nombreuse en espèces et en groupes génériques, dont les principaux sont : les Garrots, les Milouins ou Morillons, les Macreuses, les Eiders, les Sarcelles, les Souchets et les Canards.

Ils diffèrent les uns des autres par la forme de leur bec et de leur queue, ainsi que par la disposition des lamelles garnissant leurs mandibules. Ils ne varient pas moins dans leurs habitudes : les uns établissent leurs nids à terre ou dans les anfractuosités des rochers ; les autres au milieu des rochers et des plantes marécageuses ; plusieurs sur les arbres ou dans les trous d'arbres vermoulus.

I" GROUPE GÉNÉRIQUE

GARROT, *CLANGULA* (Flém.).

Bec plus court que la tête, forme générale de celui de tous les Anatinés, c'est-à-dire dessinant une courbe creuse du sommet du front au bout du bec, dont l'onglet apical fait crochet ; évasé de la mandibule supérieure, qui dépasse et recouvre celle inférieure ; dents lamelliformes, courtes et largement espacées ; narines médianes, latérales, elliptiques ; ailes moyennes, aigües ; queue assez allongée, pointue ; tarses courts ; doigts allongés, avec les membranes qui les réunissent s'étendant jusqu'au bout des ongles et y étant adhérentes ; tête grossie par l'épaisse couche de plumes qui la couvre.

Propres aux régions arctiques, les Garrots ont le vol rapide et souvent élevé ; mais, à terre, leur marche est vacillante et paraît pénible ; du reste, rien de particulier dans leur alimentation.

PL. 55. — GARROT VULGAIRE.

Clangula vulgaris (Flém). — *Anas clangula* (Linn.).

Mâle adulte : tête et haut du cou d'un vert foncé à reflets pourpres, avec une grande tache blanche arrondie à chaque côté de la base du bec ; dessus du corps d'un noir profond ; dessous d'un blanc pur rayé transversalement de noir cendré à la région anale ; flancs d'un cendré noir foncé ; rémiges primaires noires ; les secondaires blanches sur les barbes externes ; queue d'un cendré noir à reflet grisâtre. Bec couleur de plomb bleuâtre ; tarses et doigts d'un jaune roussâtre, tournant au grisâtre sur les palmures; iris d'un brun jaune pâle. Taille : quarante-neuf centimètres.

La *femelle* est un peu plus petite que le mâle et en diffère entièrement par ses couleurs, qui sont grises ou brunâtres là où celui-ci les a noires, et gris-blanc où il les a d'un beau blanc; elle n'a ni le reflet verdâtre, ni la tache blanche au coin du bec.

Le Garrot vulgaire habite les contrées arctiques des deux mondes; quelques couples se propagent également dans les pays tempérés; de passage périodique le long des côtes de l'Océan ; en automne sur les mers de l'intérieur. Temmink dit qu'il se répand jusque sur les grands lacs de la Suisse, quoique M. de Tschudi ne le mentionne pas au nombre des Canards qui y font leur apparition.

Sa nourriture consiste en insectes aquatiques, en frai de poissons, en mollusques et en crustacés.

Il niche sur les mers et sur les lacs qui ne sont point garnis de beaucoup de roseaux; quelquefois, et suivant la localité, sur les arbres ; c'est ainsi qu'au rapport de Linné, en Suède, où ce Garrot se voit l'été, qui est la saison de la nichée, il se tient et pond dans des creux d'arbres. Sa ponte est de douze à quatorze œufs d'un gris vert ou olivâtre très clair. Ils mesurent, de grand diamètre, cinquante-quatre à cinquante-six millimètres, et quarante et un à quarante-deux de petit.

PL. 55. — GARROT ISLANDAIS.

Clangula Islandica (Ch. Bonap., *ex* Gmel.).

Mâle adulte : tête, haut du cou, d'une teinte pourpre vive, à reflets verts au méat auditif; front et menton d'un brun noirâtre ; grand espace blanc, à la base du bec, en forme de croissant dont une pointe est dirigée vers le sinciput; bas du cou et épaules blancs; parties supérieures du corps d'un noir velouté, avec la pointe de quelques plumes blanches; parties inférieures d'un blanc pur satiné, avec les plumes des flancs bordées du même

noir que le dos ; rémiges primaires et tertiaires noires ; les secondaires blanches sur les barbes externes ; queue brune. Bec
noir ; iris jaune pâle ; tarses et doigts de couleur orange, avec
les palmures noires. Taille : cinquante-trois à cinquante-quatre
centimètres.

Femelle adulte : beaucoup plus petite que le mâle ; tête et
haut du cou d'un brun roussâtre foncé, terminé en bas par un
collier blanc mêlé de brun et de gris ; dessus du corps de même
couleur, ainsi que le dessous, excepté le bas de la poitrine
et l'abdomen, qui sont d'un blanc satiné.

Habite les régions arctiques d'Europe et d'Amérique ; assez
abondant en Islande, sur les bords du lac Maytavan ; se trouve,
selon Richardson, dans les Montagnes Rocheuses. Les vieux mâles
émigrent d'Islande avant les femelles, et les jeunes de l'année
assez longtemps après le départ des vieux.

Place son nid sous les taillis et les broussailles, au bord des
eaux, et d'après Thienemann dans les anfractuosités des rochers ; pond de douze à quatorze œufs d'une jolie teinte de vert
bleuâtre très clair, dont les dimensions sont de soixante-deux à
soixante-quatre millimètres dans un sens, et de quarante-quatre
à quarante-cinq dans l'autre.

PL. 56. — GARROT A COLLIER ou HISTRION.

Clangula histrionica (Boïé, *ex* Linn.). — *Anas histrionica* (Linn.).

Mâle adulte : tête et haut du cou d'un violet noirâtre ; un
grand espace entre le bec et l'œil, une tache derrière les yeux,
une bande longitudinale sur les côtés du cou, un collier entourant
cette partie, un large demi-croissant sur les côtés de la poitrine
et une partie des scapulaires, le tout d'un blanc pur ; partie inférieure du cou d'un bleu cendré ; flancs d'un roux rougeâtre ;
ventre brun ; dos, ailes et croupion d'un noir à reflets violets et
bleus ; miroir de l'aile d'un violet très foncé. Bec noir ; iris brun ;
pieds et membranes d'un bleu noirâtre. Taille : quarante-deux à
quarante-trois centimètres.

La *femelle* diffère beaucoup ; tout son plumage supérieur est d'un brun foncé nuancé de cendré, avec une petite tache blanche vers le front et un peu en avant des yeux ; un grand espace de même couleur vers la racine du bec et sur la région des oreilles ; gorge blanchâtre ; poitrine et ventre d'un blanchâtre nuancé et taché de brun ; flancs d'un brun rougeâtre.

Habite les contrées arctiques des deux mondes ; abondant dans les parties orientales de l'Europe ; de passage accidentel en Allemagne, en Angleterre et en France ; jamais le long des côtes de l'Océan.

Niche sur les bords des eaux, dans les taillis et dans les herbes ; pond dix à douze œufs d'un jaune d'ocre un peu sale ou d'un blanc jaunâtre, ayant cinquante millimètres de grand diamètre sur trente-sept de petit.

Même mode d'alimentation aquatique que les autres espèces ; avec cette excentricité peu commune dans la famille qui consiste, d'après M. Saint-John, en ce qu'à défaut de sa nourriture ordinaire, il sait très bien attraper et avaler de petits mammifères tels que des souris et des mulots.

2ᵉ GROUPE GÉNÉRIQUE

MORILLON, *FULIGULA* (Steph.).

Bec généralement de la longueur de la tête, plus large à la base qu'à l'extrémité; peu de différences appréciables d'avec celui des autres Anatinés ; il en est de même des autres caractères.

Mœurs et habitudes les mêmes que celles des Garrots ; l'étude des espèces peut seule indiquer les variations caractéristiques des uns aux autres.

PL. 56. — MORILLON SIFFLEUR HUPPÉ.

Fuligula rufina (Steph.).

Mâle adulte : tête avec de longues plumes soyeuses formant une large huppe ; joues, gorge et haut du cou d'un brun rougeâtre au bas ; bas du cou, poitrine, ventre et abdomen d'un noir profond ; dos, ailes et queue d'un brun clair; flancs, poignet de l'aile, une grande tache sur les côtés du dos ; miroir des ailes et base des rémiges blancs. Bec aussi long que la tête, déprimé vers la pointe ; tarses et doigts d'un beau rouge, onglet du bec blanc; iris d'un rouge vif ; membrane des pieds noire. Taille : cinquante-six à cinquante-sept centimètres.

La *femelle* a le sommet de la tête, l'occiput et la nuque d'un brun foncé ; la huppe moins touffue ; le cou brun cendré ; la poitrine brun jaunâtre ; le ventre gris ; le dos sans tache ; le miroir de l'aile moitié blanc grisâtre et moitié brun clair.

Habite les contrées orientales du nord de l'Europe ; de passage périodique dans la mer Caspienne, en Hongrie, en Autriche et en Turquie ; M. Luigi Benoît le dit sédentaire et commun en Sicile, surtout l'hiver et au retour du printemps, où on le voit

arriver en grand nombre de l'Orient, et où il niche de passage
moins régulier sur les grands lacs de la Suisse, jamais sur les
côtes de l'Océan.

Il niche sur les îlots, au milieu des herbes et des roseaux.
Sa ponte, d'après Malherbes, est de six à huit œufs d'un verdâtre ou roussâtre clair, dont le grand diamètre est de cinquante
à cinquante-six millimètres et le petit de trente-neuf à quarante-
et un. Difficilement domesticable. ou du moins les essais en
ayant été faits sans succès.

PL. 57. — MORILLON A CRÊTE.

Fuligula cristata (Steph., *ex* Linn.).— *Anas fuligula* (Linn.).

Mâle adulte : huppe à plumes effilées et longues ; tête, cou et
poitrine d'un noir à reflets violets et verdâtres ; dos, ailes et
croupion d'un brun noirâtre à reflets bronzés, parsemés de points
bruns ; ventre, flancs et bande transversale sur l'aile d'un blanc
pur ; abdomen brun noirâtre. Bec dont la pointe est plus large
que la base, bleu clair à onglet noir ; iris jaune brillant ; tarses
et doigts bleuâtres ; membranes noires. Taille : quarante centimètres.

Chez la *femelle*, qui est également huppée, cette huppe moins
longue ; la tête, le cou, la poitrine et le haut du dos sont d'un
noir mat nuancé de brun foncé ; le dos et les ailes d'un brun noirâtre mat parsemé de petits points bruns ; sur la poitrine et les
flancs, de grandes taches de brun roussâtre ; le ventre est blanchâtre, nuancé du même brun.

C'est le *Morillon*, le *petit Morillon* et le *Canard brun* de Buffon.

Habite les régions arctiques des deux mondes ; au printemps,
de passage sur les côtes maritimes ; en automne, sur les lacs et
les mers de l'intérieur ; très commun en Allemagne, en Hollande, en France, en Suisse et en Italie.

Niche dans les régions du cercle arctique, sur les bords des
mers et des lacs ; un petit nombre se propage dans les climats
tempérés ; les œufs sont d'un brun ou d'un gris verdâtre, et

mesurent, du grand diamètre, cinquante-huit millimètres, et du petit, trente-neuf.

Ce Morillon devient fort gras en automne, et sa chair est alors très savoureuse.

PL. 57. — MORILLON MILOUINAN.

Fuligula marila (Steph., *ex* Linn.). — *Anas marila* (Linn.).

Mâle adulte : toute la tête et la partie supérieure du cou d'un noir à reflets verdâtres; partie inférieure du cou, poitrine et croupion d'un noir profond; haut du dos et scapulaires rayés largement de zigzags très fins; couvertures alaires marbrées de blanc et de noir; bande blanche formant miroir sur l'aile; ventre et flancs d'un blanc pur; abdomen rayé de zigzags bruns. Bec, qui est large, d'un bleu clair, avec les narines blanchâtres, et l'onglet ainsi que les bords des mandibules noirs; membranes noirâtres. Taille d'environ quarante-sept centimètres.

La *vieille femelle*, un peu moins grande, porte une large bande blanche autour de la base du bec; le reste de la tête et du cou d'un brun noirâtre; partie inférieure du cou, poitrine et croupion d'un brun foncé, dos et scapulaires marbrés de blanc et de noir; flancs tachés et rayés de brun; iris jaune terne.

Habite les contrées arctiques des deux mondes; très nombreux, à son passage de printemps, sur les côtes maritimes d'Angleterre et surtout de Hollande dont, en automne, il couvre de ses immenses volées toutes les mers de l'intérieur; de passage périodique dans le nord de la France; moins régulier en Allemagne et en Suisse.

Se nourrit principalement de mollusques bivalves; les individus que l'on capture sur nos côtes n'ont presque exclusivement dans l'estomac que des mollusques de cette nature.

Niche sur les bords de la mer et des lacs; pond neuf ou dix œufs d'un gris sombre un peu olivâtre, mesurant soixante-quatre à soixante-six millimètres dans un sens, sur quarante-trois à quarante-quatre dans l'autre.

Se fait aisément à la captivité et au régime de la basse-cour.

PL. 58. — MORILLON MILOUIN ou MILOUIN ROUGE.

Fuligula ferina (Steph., *ex* Linn.). — *Anas ferina* (Linn.).

Mâle adulte : tête et cou d'un roux rougeâtre vif; haut et bas du dos et sus-caudales d'un noir mat; le reste du dos, scapulaires et couvertures supérieures d'un cendré blanchâtre, rayées en travers de nombreux zigzags d'un cendré bleuâtre; haut de la poitrine noire, cette couleur se confondant avec celle du dos ; le reste de la poitrine, abdomen et flancs pareils au manteau ; bas-ventre et sous-caudales noirs ; rémiges et rectrices brunes. Bec noir à sa base et à la pointe, avec une large bande transversale d'un bleu foncé ; iris orange ; tarses et doigts bleuâtres; membranes noires. Taille d'environ quarante-cinq centimètres.

La *vieille femelle*, qui est plus petite, a le sommet de la tête, les côtés et l'arrière du cou, le haut du dos et la poitrine d'un brun roussâtre, les plumes plus ou moins bordées de blanchâtre ; espace entre le bec et l'œil, gorge et devant du cou, d'un blanc maculé de roussâtre ; de grandes taches sur les flancs ; ailes cendrées marquées de points blancs ; le milieu du ventre blanchâtre.

Habite le Nord, assez abondant en Russie, en Danemark, et même dans le nord de l'Allemagne ; deux fois de passage sur les côtes d'Angleterre de Hollande et de France; étend ses migrations, jusqu'en Egypte.

Se nourrit de petits poissons qu'il poursuit sous l'eau en nageant avec une rapidité extrême, de menus coquillages, de vers et de plantes aquatiques qu'il rencontre en barbottant dans la vase ou le sable mouillé du rivage; couve en France dans certains grands marais, niche dans les roseaux ; pond jusqu'à douze et treize œufs d'un verdâtre intense et sans taches, mesurant de soixante à soixante-trois millimètres sur quarante-trois à quarante-cinq.

Bien des expériences de domestication de cette espèce ont
été faites depuis Baillon, et toutes des mieux réussies.

Ce Morillon est un de ceux dont on connaisse le plus grand
nombre d'exemples de croisement avec d'autres espèces de
Canards. M. de Sélys-Longchamps a vu au jardin zoologique de
Londres des Hybrides provenant de l'accouplement de la
femelle avec un mâle du Morillon Nyroca qui va suivre. Il cite,
d'après Baillon, Fritz, d'autres Hybrides obtenus à Paris, qui
avaient également pour mère une femelle de notre Morillon, et
pour père un Canard, ou Sarcelle de la Caroline. M. Morton,
enfin, a signalé, en 1847, des métis produits par le Morillon mâle
de notre espèce et la femelle de la Sarcelle d'été.

PL. 58. — MORILLON NYROCA.

Fuligula Nyroca (Steph., *ex* Guldenstein).

Vieux mâle : tête, cou, poitrine et flancs d'un roux rougeâtre
très vif, avec un petit collier brun foncé autour du cou et, sous
la mandibule inférieure, une tache angulaire d'un blanc pur ;
dos et ailes d'un brun noirâtre à reflets pourprés, parsemés de
petits points roux ; miroir de l'aile blanc terminé de noir ; ventre
et couverture du dessous de la queue d'un blanc pur ; bec bleu
noirâtre, à onglet noir ; iris blanc ; tarses et doigts d'un cendré
bleuâtre ; membranes noires. Taille de quarante centimètres
environ.

La *femelle* a la tête, le cou, la poitrine et les flancs bruns ;
chaque plume terminée de roussâtre clair ; pas de collier ; les
plumes des parties supérieures noirâtres et terminées de brun
clair ; le reste comme chez le mâle.

Habite les grands lacs et les rivières des contrées orientales
de l'Europe ; sédentaire en Crimée et en Sicile, de passage régulier en Allemagne ; accidentellement, ou peu nombreux, en
Hollande, en France et en Angleterre.

Vit de frai, de menus coquillages, de vers, d'insectes, de
plantes aquatiques et de leurs semences.

Niche dans les joncs qui bordent les grandes rivières et les marais ; pond neuf ou dix œufs d'un gris jaunâtre pâle, mesurant de cinquante à cinquante-cinq millimètres sur trente-six à trente-huit.

Alerte et très remuant, on le surprend cependant quelquefois dans les fourrés ou les grands joncs, alors qu'il y est occupé à se chercher des vivres, et on le tire aisément au lever ; mais il est rare qu'on l'approche de près dans les lieux découverts. Sa chair est d'un goût agréable, et mangée comme *maigre* les jours d'abstinence. C'est la *Sarcelle d'Egypte* de Buffon.

PL. 59. — MORILLON DE MIQUELON.

Harelda glacialis (Steph., *ex* Linn.). — *Anas glacialis* (Linn.).

Mâle adulte : sommet de la tête, nuque, devant et partie inférieure du cou, les longues scapulaires, ventre, abdomen et pennes latérales de la queue, d'un blanc pur ; joues et gorge cendrées ; un grand espace brun marron sur les côtés du cou ; poitrine, dos, croupion, ailes et les deux très longues plumes du milieu de la queue d'un brun couleur de suie ; flancs cendrés ; bec beaucoup plus court que la tête, noir, coupé transversalement par une bande rouge ; iris orange, tarses et doigts jaunes, membranes noirâtres. Taille : soixante centimètres, y compris les filets de la queue.

La *vieille femelle* diffère beaucoup du vieux mâle ; sa queue est courte, à pennes bordées de blanc, les deux du milieu ne sont point allongées ; front, gorge et sourcils d'un cendré blanchâtre ; nuque, devant et partie inférieure du cou, ainsi que le ventre et l'abdomen, d'un blanc pur ; sommet de la tête et le grand espace des côtés du cou d'un cendré noirâtre ; poitrine variée de cendré et de brun ; plumes du dos, des scapulaires et couvertures claires, noires dans le milieu, bordées et terminées de roux cendré ; le reste des parties supérieures d'un brun de suie ; la bande du bec jaunâtre ; iris brun clair ; pieds couleur de plomb.

Habite les mers arctiques [des deux mondes ; de passage

accidentel sur les grands lacs d'Allemagne, et le long de la Baltique : souvent, mais jamais en troupe, sur les côtes maritimes de la Hollande : rare sur les côtes de l'Océan.

Se nourrit de coquilles bivalves.

Niche sur les bords de la mer Glaciale, au Spitzberg, en Islande et à la baie d'Hudson ; pond de cinq à sept œufs un peu obtus, d'un vert clair ou d'un gris verdâtre, sans taches, mesurant de cinquante-quatre à cinquante-sept millimètres sur trente-sept à quarante.

C'est le *Harelda* des Islandais et de Wormius, d'où son nom latin.

C'est aussi la *Sarcelle de Féroë*, le *Canard à longue queue de Terre-Neuve* et le *Canard de Miquelon* de Buffon.

3ᵉ GROUPE GENÉRIQUE

MACREUSE, *OIDEMIA* (Flém.).

Bec presque aussi long que la tête, robuste, élevé, large dans toute son étendue, à mandibule supérieure renflée ou gibbeuse vers la base, épatée et déprimée à l'extrémité ; lamelles larges, fortes, très espacées, peu ou point visibles à la base des mandibules ; mandibule inférieure cachée et emboîtée à sa moitié antérieure ; onglet très large, voûté, couvrant l'extrémité des mandibules ; narines sub-médianes élevées, ovales ; ailes de moyenne longueur, sub-aiguës ; queue courte, conique, à pennes terminées en pointe ; jambes très à l'arrière du corps ; tarses plus courts que le doigt interne.

On ne peut parler des Macreuses, sans rappeler l'origine merveilleuse qu'on leur a prêtée presque jusqu'à la fin du xvıı siècle.

On prétendait, et tous les savants de l'époque disputaient le pour et le contre, qu'elles étaient le produit de certains coquillages appelés, de cette croyance, *Anatifères* (producteurs de Canards), ou de la pourriture de certains arbres apportés par les flots sur les côtes de l'Ecosse et des Orcades. Or voici ce raisonnement : ces Mollusques sont très abondants en ces parages, vers certaines époques de l'année, au point de couvrir d'assez grands espaces de la mer ; ils sont munis alors d'un appendice membraneux et frisé en forme de petites plumes recourbées, s'élevant au-dessus du niveau de l'eau ; et souvent, du soir au matin, à d'autres époques, toutes ces petites flottailles disparaissaient comme par enchantement ; et à leur place qu'y voyait-on, tout d'un coup ? Des bandes de Macreuses qui s'en nourrissaient ! Comme on n'avait jamais su, ni où, ni comment nichaient ces oiseaux qui, par parenthèse, plongent quelquefois jusqu'à dix mètres au fond de l'eau, il n'en fallut pas davantage pour accréditer cette fable dont Hector Boëthe et Cardan furent les plus ardents propagateurs, et en conclure que les Macreuses devaient leur naissance et leur multiplication si extraordinaires à ces Mollusques. Ces auteurs appelaient alors la Macreuse le ou la *Claque*.

Toujours est-il que c'est par voie de conséquence de leur origine prétendue que l'Église a rangé pendant longtemps les Macreuses parmi les aliments maigres.

On n'en connaît que deux espèces d'Europe.

PL. 60. — MACREUSE ORDINAIRE.

Oidemia nigra (Flém., *ex* Linn.). — *Anas nigra* (Linn.).

Mâle adulte : tout le plumage, sans exception, d'un noir intense et velouté. A la base du bec une protubérance sphérique ; tout le bec noir, sauf les narines de couleur orange, et une bande jaune longitudinale sur le globe du bec ; iris brun ; cercle nu de l'œil jaune ; tarses et doigts d'un cendré brun ; membranes noires. Taille d'environ quarante-huit centimètres.

Femelle adulte : sommet de la tête, de l'occiput et nuque d'un brun presque noirâtre ; joue et gorge d'un cendré clair taché de brun ; dos, ailes et ventre d'un brun foncé, chaque plume bordée d'un brun blanchâtre ; plumes de la poitrine d'un brun cendré, bordées de blanchâtre ; pas de protubérance à la base du bec ; le cercle nu de l'œil blanchâtre.

Habite les régions du cercle arctique où elle niche dans les marécages ; très abondant à son double passage sur les côtes d'Angleterre, de Hollande et de France ; ses essaims nombreux, avec lesquels se mêlent l'espèce suivante, ainsi que les Milouins et les Milouinans, couvrent, en automne, tout le rivage de la mer qui baigne les côtes de Hollande et de France.

Se nourrit de coquilles bivalves, d'insectes, de vers et de plantes marines.

Pond de huit à neuf œufs d'un blanc grisâtre un peu jaunâtre, sans tâches, mesurant soixante-quatre millimètres sur quarante-cinq.

La nourriture favorite des Macreuses est une espèce de coquillage bivalve lisse et blanchâtre, large de un centimètre et long de deux ou trois environ (l'Anatifère), dont les hauts-fonds de la mer se trouvent jonchés dans beaucoup d'endroits ; il y en a des bancs assez étendus, et que la mer découvre sur ses bords au reflux. Lorsque les pêcheurs remarquent que, suivant leur terme, les Macreuses *plongent aux vaimaux* (nom qu'on donne en Picardie à ces coquillages), ils tendent leurs filets horizontalement, mais fort lâches, au-dessus de ces Mollusques, et à soixante ou soixante-dix centimètres au-dessus du sable ; peu d'heures après, la mer, entrant dans son plein, couvre ces filets de beaucoup d'eau. Les Macreuses suivant le reflux, à deux ou trois cents pas du bord, la première qui aperçoit les coquillages plonge, toutes les autres la suivent et, rencontrant le filet qui est entre elles et l'appât, elles s'empêtrent dans ces mailles flottantes ; ou, si quelques-unes plus défiantes s'en écartent et passent dessous, bientôt elles s'y enlacent comme les autres, en voulant remonter après s'être repues, et toutes s'y noient. Lorsque la mer s'est retirée, les pêcheurs vont les détacher du filet où elles sont suspendues par la tête, les ailes ou les pieds.

PL. 60. — MACREUSE BRUNE ou DOUBLE MACREUSE.

Oidemia fusca (Flém., *ex* Linn.). — *Anas fusca* (Linn.).

Mâle adulte : entièrement d'un noir profond, avec la paupière inférieure blanche, et un miroir étroit de même couleur sur l'aile ; bec jaune rougeâtre, avec l'onglet plus rouge ; les narines, les petites gibbosités et les deux tiers postérieurs de la mandibule inférieure noirs ; iris blanc ; tarses et doigts rouges, avec les palmures noires. Taille d'environ cinquante-cinq centimètres.

Femelle adulte : en-dessus d'un brun noirâtre ou couleur de suie ; en dessous d'un gris blanchâtre rayé et taché de brun noirâtre ; tache blanche entre les yeux et le bec et sur le méat auditif ; iris brun.

Habite les mers arctiques des deux mondes ; très abondante aux Hébrides, aux Orcades, en Norwège et en Suède ; de passage périodique sur les côtes d'Angleterre, de Hollande et de France ; assez commune sur les lacs et dans les marais de l'intérieur, et même dans les terres.

Se nourrit principalement, comme l'espèce précédente, des coquillages bivalves (anatifères) qui gisent au fond de la mer, après lesquels elle plonge continuellement.

Niche sous des touffes d'herbes et de broussailles, et pond de huit à dix œufs d'un blanc grisâtre, légèrement jaunâtre sans taches, mesurant de soixante-deux à soixante-cinq millimètres dans un sens, et quarante-six à quarante-huit dans l'autre.

Paraît beaucoup moins nombreuse que la Macreuse ordinaire. C'est la *Grande Macreuse* et le *Canard brun* de Buffon.

4ᵉ GROUPE GÉNÉRIQUE

EIDER, *SOMATERIA* (Leach).

Bec aussi long que la tête, élevé et renflé à la base, qui porte parfois deux tubercules charnus, convexe, un peu déprimé à l'origine de l'onglet, qui est très large, voûté, et recouvre toute l'extrémité du bec ; lamelles très espacées ; ailes courtes, étroites, aiguës ; queue courte, conique ; tarses beaucoup plus courts que le doigt médian ; pouce long et grêle.

Les Eiders ont presque les mêmes habitudes que les Macreuses ; mais, bien moins sauvages, ils se prêtent volontiers au voisinage et à la fréquentation de l'homme. On n'en compte que deux espèces, toutes deux également propres à l'Europe.

PL. 61. — EIDER VULGAIRE.

Somateria mollissima (Boïé, *ex* Linn.). — *Anas mollissima* (Linn.).

Le *vieux mâle* : de chaque côté et au-dessus des yeux une très large bande d'un noir violet, dont les extrémités se réunissent sur le front ; joues, bandes du sommet de la tête et occiput d'un blanc verdâtre ; bas du cou, dos, scapulaires et petites couvertures des ailes d'un blanc pur ; les scapulaires, à barbes presque décomposées, prolongées et retombant sur les ailes qu'elles recouvrent ; poitrine d'un blanc rougeâtre ou couleur de chair ; ventre, abdomen et croupion d'un noir intense ; bec, dont la base se prolonge latéralement sur le front en deux lamelles aplaties, d'un vert mat ; iris brun ; pieds d'un cendré verdâtre. Taille de soixante-cinq centimètres.

La *vieille femelle* a tout le plumage d'un roux rayé transversalement de noir ; les couvertures des ailes noires dans le milieu,

bordées de roux foncé ; sur l'aile, parfois, deux bandes blanches ;
le ventre et l'abdomen d'un brun ou d'un cendré foncé, avec des
bandes noires.

Habite les mers glaciales du pôle : très abondant en Islande,
en Laponie, au Groënland, au Spitzberg ; assez abondant aux
Hébrides et aux Orcades ; plus rare en Suède et en Danemarck ;
de passage en Angleterre, en Allemagne et en France ; on ne voit
sur l'Océan que des femelles ou de jeunes individus ; se montre
accidentellement sur les lacs de Suisse et de Savoie.

Niche sur des terres baignées par la mer, sur des caps et des
promontoires, et aussi sur des rochers élevés et escarpés : dans le
premier cas, il construit son nid de fucus et autres plantes
marines, et le garnit de son duvet ; dans le second cas, le duvet
en fait presque tous les frais. Il y pond cinq ou six œufs un peu
allongés, d'un gris olivâtre, quelquefois d'un gris jaunâtre, sans
taches ; leur grand diamètre varie de sept centimètres à huit centimètres, et le petit, de quatre centimètres et demi à cinq centimètres.

L'Eider est, de tous les palmipèdes, l'oiseau dont l'homme retire le plus d'utilité, ou du moins l'utilité la plus productive. C'est
lui qui fournit le duvet si doux, si chaud et si léger auquel on a
donné l'appellation d'*Eider-don*, d'où, par inversion, le nom
français d'*Édredon*, duvet d'Eider.

Brunich est le premier naturaliste qui ait donné les détails les
plus exacts sur les habitudes de l'Eider, et c'est de son ouvrage
que s'est servi Buffon.

Au temps de la pariade, on entend continuellement le mâle
crier d'une voix rauque et comme gémissante ; la voix de la femelle est semblable à celle de la Cane commune. Le premier
soin de ces oiseaux est de chercher à placer leur nid à l'abri
de quelques pierres, de quelque buisson, et particulièrement
des genévriers. Le mâle travaille avec sa femelle ; celle-ci s'ar-
rache le duvet et l'entasse jusqu'à ce qu'il forme tout à l'entour
un gros bourrelet renflé, qu'elle rabat sur ses œufs, quand elle les
quitte pour aller prendre sa nourriture : car le mâle ne l'aide

point à couver, et il fait sentinelle aux environs pour avertir si
quelque ennemi paraît; la femelle cache alors sa tête, et lorsque
le danger est pressant, elle prend son vol et va joindre le mâle.
Les Corbeaux cherchent les œufs, et tuent d'ordinaire les petits;
aussi se hâte-t-elle de faire quitter le nid à ceux-ci peu d'heures
après qu'ils sont éclos, les prenant sur son dos et d'un vol doux
les transportant à la mer, ce qu'elle exécute de cette manière :
parvenue au bord avec son fardeau, elle se met à la nage et, dès
qu'elle est arrivée au milieu de l'eau, elle fait un plongeon, et
les petits Eiders stupéfaits restent à la surface, immobiles
comme des poignées de coton. Ce premier moment de surprise
passe bien vite; ils ne tardent pas à comprendre qu'ils sont sur
le véritable élément qui doit les porter désormais.

Les îles basses et plates qui bordent les côtes de la Norwège
sont couvertes de ces Eiders et de leurs nids où ils viennent en
grand nombre déposer leurs œufs, objets, ainsi que le duvet qui les
recouvre, de la convoitise des habitants. Monté dans un bateau,
le chasseur approche de ces îles et, laissant l'embarcation amarrée
aux rochers de la rive, il examine tranquillement les nids. Ils sont
construits sur le sol même et sont garnis du duvet de la femelle.
Le chasseur éloigne avec mille précautions celle-ci de son nid,
pour s'emparer du duvet et des œufs, moins un toutefois, qu'il a
soin de laisser de peur que la pauvre mère ne renonce à la couvée. L'innocent palmipède endure ce larcin avec la patience la
plus méritoire, et se met immédiatement en devoir de le réparer,
en pondant d'autres œufs qu'il couvre de nouveau de duvet. A ce
sacrifice s'associe le mâle, qui se dépouille à son tour au profit de
la génération non encore éclose. Cette opération se répète souvent
plus d'une fois pour le même nid.

Lorsque l'avidité de l'homme dépasse les bornes, les Eiders
n'ont que la ressource de leur exil de ces parages. C'est alors
qu'ils vont fonder ou joindre leurs colonies à celles des Pingouins,
des Guillemots, des Cormorans, et dans les rochers moins accessibles, tels que ceux de l'île de Noys (l'une de ces fameuses Shetland dont nous parlions plus haut), qui opposent aux chasseurs

d'Eiders des difficultés remarquables, quoique non insurmontables.

Mais combien ils préfèrent les côtes autrement hospitalières de la Norwège et de l'Islande, dont les indigènes les traitent avec tant de douceur qu'ils y deviennent presque apprivoisés !

Dans ces deux pays, en effet, c'est une propriété qui se garde soigneusement, et se transmet par héritage, que celle d'un canton où les Eiders viennent d'habitude faire leurs nids. Il y a tel endroit où il se trouvera plusieurs centaines de ces nids. On juge, par le grand prix du duvet, du profit que cette espèce de possession peut rapporter à son maître ; aussi les Islandais font-ils tout ce qu'ils peuvent pour attirer les Eiders chacun dans leur terrain ; quand ils voient que ces oiseaux commencent à s'habituer dans quelques-unes des petites îles où ils ont des troupeaux, ils feront repasser troupeaux et chiens dans le continent, pour laisser le champ libre aux Eiders, et les engager à s'y fixer. Ces insulaires ont même formé, par art et à force de travail, plusieurs petites îles, en coupant et séparant de la grande divers promontoires ou langues de terre avancées dans la mer. C'est dans ces retraites de solitude et de tranquillité que les Eiders aiment à s'établir, quoiqu'ils ne refusent pas de nicher près des habitations, pourvu qu'on ne leur donne pas d'inquiétude, et qu'on en éloigne les chiens et le bétail.

On voit qu'à part la question de nourriture, laquelle ne se compose que d'animaux marins, il ne serait peut-être pas impossible, ainsi que l'observe Gerbe, de réduire cette espèce à un état de demi-domesticité.

C'est l'*Oie à duvet de Danemark* de Buffon.

PL. 62. — EIDER A TÊTE GRISE.

Somateria spectabilis (Boïé, *ex* Linn.). — *Anas spectabilis* (Linn.).

Le *vieux mâle :* une très étroite bande d'un noir velouté suit tout le contour de la mandibule supérieure et se divise vers la base du bec en remontant entre deux crêtes charnues qui la garnissent; une semblable double bande forme sur la gorge un angle en fer de lance; sommet de la tête, occiput et nuque d'un beau gris bleuâtre; joues d'un vert de mer lustré; cou, partie supérieure du dos, couvertures des ailes, et deux grands espaces de chaque côté du croupion, d'un blanc pur; poitrine d'un blanc roussâtre; scapulaires, bas du dos, ailes, queue et toutes les parties inférieures du corps d'un noir intense. Base du bec se prolongeant latéralement sur le front en deux appendices ou crêtes charnues d'un beau rouge vermillon, ou orange vif, passant au jaune citron vers le bec; tarses et doigts d'un jaune brunâtre, avec la membrane noirâtre; iris noir. Taille : soixante-trois centimètres.

Femelle adulte : presque entièrement d'un roussâtre moucheté et flammêché de noir; moyennes et grandes couvertures des ailes d'un brun noirâtre, avec la pointe blanche et formant, par leur réunion, deux bandes transversales. Bec se prolongeant de chaque côté du front par deux lames aplaties, et sans les tubercules charnus.

Habite les mers glaciales; Faber l'a vu rarement en Islande, où quelques paires viennent cependant nicher; commun aux Orcades et dans d'autres îles du nord de l'Écosse; moins nombreux sur les côtes de la Baltique et du Danemark; très abondant au Groënland et au Spitzberg.

Nourriture et propagation comme l'autre espèce.

5ᵉ GROUPE GÉNÉRIQUE

SARCELLE, *QUERQUEDULA* (Steph.).

Bec de la longueur de la tête, assez élevé à la base, droit
à partir des narines, étroit, demi-cylindrique, plus large à
l'extrémité qu'au milieu ; lamelles presque entièrement cachées ; mandibule inférieure recouverte et emboîtée par sa
supérieure, sauf une faible partie de sa base ; onglet petit,
crochu ; narines basales très rapprochées, larges, ovales ;
ailes assez longues, aiguës ; queue courte, conique ; tarses
plus courts que le doigt médian.

Les Sarcelles ne sont que des espèces de petits Canards des
mieux proportionnés dans leurs formes, et des plus élégants dans
leur parure ; elles leur ressemblent d'ailleurs par la conformation,
par les habitudes : il est par conséquent fort difficile de déter-
miner où finit la section des Sarcelles et où commence celle des
Canards, dont on ne les sépare que par habitude et par convention, sans qu'aucun caractère fixe les différencie les unes des
autres.

Les Sarcelles voyagent par bandes, quelquefois fort nombreuses, dans les airs, mais, sans y garder d'ordre régulier comme
les Canards ; elles y volent confusément et avec une légèreté extrême. On ne les voit guère plonger, par la raison qu'elles trouvent
à la surface de l'eau la nourriture qui leur convient.

C'est parmi les Sarcelles exotiques que figurent les espèces les
plus richement peintes ou coloriées, à la tête surtout, qui est une
vraie miniature, telles que la Sarcelle de la Caroline, celle du Japon
ou Mandarine, et la Sarcelle Formose de la même région, qui s'é-
gare en Europe, et dont on a fait presque autant de types de sous-
groupes. On en compte de nombreuses espèces ; mais trois à peine
sont propres à l'Europe.

La première, digne de figurer à côté de celles que nous venons de citer, est :

PL. 63. — SARCELLE D'HIVER ou SARCELLINE.

Querquedula circia (Steph., *ex* Linn.). — *Anas circia* (Linn.).

Mâle adulte : sommet de la tête, joues et cou d'un roux marron; gorge noire; large bande verte s'étendant depuis les yeux jusque sur la nuque et encadrée, en dessus et en dessous, de deux fines lignes d'un blanc éclatant, dont la supérieure retombe tout au long du bec jusqu'à la gorge; partie inférieure du cou, dos, scapulaires et flancs rayés alternativement de zigzags blancs et noirs; poitrine d'un blanc rougeâtre varié de taches rondes noires; ventre blanc ou d'un blanc jaunâtre; couvertures des ailes brunes; miroir vert et noir, bordé de deux bandes blanches. Bec noirâtre; iris brun; pieds cendrés. Taille : trente-deux centimètres.

Femelle adulte : derrière et dessous les yeux, une bande d'un blanc roussâtre marquée de taches brunes; gorge blanche; plumage supérieur d'un brun noirâtre bordé d'une large bande de brun clair; parties inférieures blanchâtres. Bec marbré de brun, et d'un brun jaunâtre en dessous comme sur les bords.

Habite vers le Nord; très abondante à son double passage en Angleterre, en Hollande, en Allemagne et en France. Se trouve aussi dans l'Amérique septentrionale.

Se nourrit de petits limaçons, d'insectes, de plantes aquatiques et de leurs semences; rarement de petits poissons.

Niche dans les climats tempérés; construit son nid, de la manière que nous dirons plus bas, dans les joncs, dans les herbes et dans les prairies marécageuses, le plus ordinairement au bord des eaux. Pond jusqu'à douze œufs oblongs, presque égaux aux deux bouts, d'un blanc sale un peu roussâtre ou jaunâtre, mesurant de quarante-trois à quarante-six sur trente-deux à trente-trois centimètres.

Le mâle, au temps de la pariade, fait entendre un cri semblable à celui du Râle. Néanmoins, la femelle ne fait guère son nid dans nos provinces, et presque tous ces oiseaux nous quittent avant le quinze ou vingt avril.

M. Saint-John observe que la Sarcelle d'hiver diffère de plusieurs espèces analogues, en ce qu'elle mange indifféremment à toute heure de jour et de nuit.

Cette Sarcelle, dont la chair est des plus savoureuses, est un des ornements des pièces d'eau, et elle a le sort de toutes les espèces réputées communes : c'est d'être trop négligée en faveur des espèces étrangères.

PL. 63. — SARCELLE COMMUNE ou D'ÉTÉ.

(Querquedula circia (Steph., *ex* Linn.). — *Anas querquedula* et *circia* (Linn.).*

Mâle adulte : front d'un blanc-jaunâtre ; face pointillée de noir ; gorge noire avec une bande blanche partant des yeux et allant longer le brun de la nuque ; poitrine couleur lie-de-vin, maillée de croissants noirs ; dos et flancs rayés de zigzags noirs et blancs ; couvertures des ailes et parties inférieures blanches ; miroir de l'aile composé de trois bandes, dont celle du milieu verte, et les latérales d'un noir profond ; scapulaires noires lisérées de blanc ; couvertures inférieures de la queue noirâtres ; celle-ci d'un gris brun, avec les pennes bordées de blanchâtre. Bec bleu, noir à la pointe ; iris brun ; pieds cendrés. Taille : trente-six centimètres.

Femelle adulte : brune en dessus, d'un blanc roussâtre en dessous, avec la gorge et le reste moucheté de brun ; tache blanche de chaque côté de la tête près du bec, et une bande blanchâtre derrière les yeux ; miroir d'un vert terne.

Remontant moins au Nord que la précédente, la Sarcelle d'été habite les parties centrales et méridionales de l'Europe, de la Sibérie et de l'Afrique septentrionale ; elle est de passage régulier en Allemagne, en Hollande, en Belgique, en plusieurs localités de la France où elle se reproduit et paraît sédentaire, en Sicile et même en Savoie.

Niche sur les bords des eaux, dans les fourrés, dans les marais, parmi les joncs et les herbes. Pond de six à huit œufs, de même forme et de même couleur que ceux de la Sarcelle d'hiver, et mesurant de quarante-sept à quarante-neuf sur trente-trois à trente-quatre millimètres.

La Sarcelle d'été arrive en Savoie dans le courant de mars et les premiers jours d'avril, tantôt par paires, tantôt par petites compagnies; elle s'y fixe alors pour quelques jours seulement sur les eaux ou dans les marais, pressée de rentrer vers le sud ou le nord de l'Europe pour l'acte de la reproduction. Quelques couples cependant, mais fort rares, probablement les derniers venus, dit M. Bailly, y restent de certaines années dans les marécages les plus déserts, et y nichent.

Du reste, aussi domesticable et d'un manger aussi délicat que la Sarcelle d'hiver.

6ᵉ GROUPE GÉNÉRIQUE
SOUCHET, *RHYNCASPIS* (Leach).

Bec plus long que la tête, très étroit et demi-cylindrique
à la base, très large et taillé en cuiller dans sa moitié antérieure, déprimé vers le milieu; lamelles très fines et longues;
celles de la mandibule supérieure, à partir de la base jusqu'au milieu du bec, très saillantes et détachées comme les
dents d'un peigne ; mandibule inférieure beaucoup plus
étroite que la supérieure qui la cache à moitié; onglets
petits, celui de la mandibule supérieure médiocrement
recourbé ; narines basales très élevées et rapprochées,
grandes, ovales ; ailes longues, aiguës ; queue légèrement
cunéiforme; tarses minces, moitié moins longs que le doigt
médian; pouce grêle.

L'évasement excessif de la mandibule supérieure à son
extrémité, le grand développement des lamelles qui en garnissent
les bords, la disposition finement pectinée de ces lamelles, cons-
tituent les caractères essentiels de ce groupe, qui ne peut se
confondre avec aucun autre de la famille. (Gerbe.)

Les Souchets ont presque les mêmes habitudes et le même
mode de nourriture que les Sarcelles.

Sur cinq espèces, une seule est particulière à l'Europe et s'y
reproduit.

PL. 64. — SOUCHET COMMUN.

Rhyncaspis clypeata (Leach, *ex* Linn.). — *Anas clypeata* (Linn.).

Tête et cou d'un verdâtre foncé, à reflets; poitrine d'un blanc
pur ; ventre et flancs d'un roux marron ; dos d'un brun noirâtre ;

couvertures des ailes d'un bleu clair; scapulaires d'un blanc
marqué de points et de taches noirâtres; miroir de l'aile d'un
vert foncé ; queue blanche, avec les deux pennes médianes et
les barbes externes des suivantes brunes. Bec noir verdâtre en
dessus , jaunâtre en dessous; iris jaune; pieds jaune orange.
Taille : quarante-neuf centimètres.

La femelle s'en distingue par la couleur de la tête , qui est
d'un roux très clair marqué de petits traits noirs.

Répandu dans le nord de l'Europe et de l'Amérique; très
abondant en Hollande, de passage dans les pays tempérés et
méridionaux, en Angleterre et en Allemagne; hiverne en grand
nombre dans le midi de la France, où quelques couples se fixent
parfois dans les lieux marécageux des bords du Rhône , pour
nicher, et n'est que de passage dans le Nord, sauf en Picardie où
il se reproduit également.

Niche sur les bords des lacs, parmi les joncs ; pond de douze
à quatorze œufs oblongs, d'un gris verdâtre ou olivâtre très clair,
mesurant de cinquante-trois à cinquante-six millimètres dans un
sens, et de trente-cinq à trente-sept dans l'autre.

Se nourrit de menus crustacés, de petites grenouilles et
d'insectes, voir même des mouches qu'il attrape adroitement en
voltigeant sur l'eau; d'où lui vient le nom d'*Anas muscaria*, que
lui donne Gessner.

« Les Souchets, dit Baillon, arrivent en Picardie vers le
mois de février ; ils se répandent dans les marais, et une partie
y couve tous les ans : je présume que les autres gagnent le Midi,
parce que ces oiseaux deviennent rares ici après les premiers
vents du nord qui soufflent en mars. Ceux qui sont nés dans le
pays en partent vers le mois de septembre.

« Ils nichent ici dans les mêmes endroits que les Sarcelles
d'été ; ils choisissent, comme elles, de grosses touffes de joncs
dans des lieux peu praticables et s'y arrangent de même un
nid. »

7ᵉ GROUPE GÉNÉRIQUE
CANARD, ANAS (Linn.).

On a fractionné ce groupe en plusieurs subdivisions, dont chacune des quatre espèces suivantes est devenue le type, sous les noms de *Anas*, *Chaulelasmus*, *Dafila* et *Mareca*, que nous confondons tous dans le premier, parce que l'ensemble de leurs caractères se résume dans ceux-ci.

Bec plus ou moins long, ou plus court que la tête ; lamelles plus ou moins visibles ou saillantes ; narines basales rapprochées ; ailes modérément longues, plus ou moins aiguës ; queue médiocre, généralement cunéiforme, avec quelques-unes des rectrices frisées et se relevant ; tarses épais, tantôt de la longueur du doigt médian, tantôt moindres.

PL. 64. — CANARD SAUVAGE.
Anas Boscas (Linn.).

Mâle : tête et cou d'un vert très foncé à reflets brillants, rehaussé par un collier blanc au bas des parties supérieures rayées de zigzags très fins, d'un brun cendré et de gris blanchâtre ; poitrine d'un beau marron foncé ; le reste des parties inférieures d'un gris blanc rayé de zigzags très fins d'un brun cendré ; miroir de l'aile d'un noir violet, bordé en dessus et en dessous par une bande blanche ; rémiges secondaires d'un gris brun sur les barbes internes, d'un violet changeant en vert doré sur les barbes externes, avec une bordure terminale blanche, précédée d'une bande transversale d'un noir velouté ; les quatre rectrices médianes noires, à reflets pourpres, recourbées et relevées en demi-cercle ; les deux suivantes de chaque côté d'un brun cendré, bordé de blanc, et les autres cendrées, pointillées de blanc en dedans et blanches en dehors. Bec d'un vert jaunâtre, avec une teinte brunâtre vers l'extrémité et l'onglet noir ; iris brun rougeâtre ; pieds d'un rouge orange. Longueur totale : cinquante à cinquante-cinq centimètres.

Femelle : tout le plumage varié de brun sur un fonds grisâtre ; gorge blanche ; bande blanchâtre tachée de brun passant en dessus des yeux, et une autre noirâtre les traversant ; miroir sur l'aile semblable à celui du mâle, sauf une nuance de violet ; les quatre pennes du milieu de la queue droites et non recourbées. Bec gris verdâtre ; iris brun.

Habite en grand nombre les pays du Nord ; se tient dans les marais, sur les étangs et les lacs ; commun dans le nord de la France, surtout dans les mois de novembre et de décembre ; se trouve dans nos eaux aussi longtemps qu'elles ne sont pas gelées ; y revient vers la fin de février, dans le courant de mars , et s'y reproduit en plus ou moins grand nombre ; voyage par bandes, de jour comme de nuit, le plus souvent vers le soir. Son vol est élevé ; tous les individus d'une bande se tiennent sur une ou deux lignes et forment, dans ce dernier cas, une sorte de triangle.

Niche dans les champs, parmi les herbes, au milieu des roseaux ; quelquefois dans des crevasses de vieux arbres, d'autres fois dans des nids abandonnés de Pies et de Corneilles. Ses œufs, au nombre de huit à quatorze, sont d'un gris verdâtre très clair et assez luisant ; ils mesurent de cinquante-cinq à soixante et un millimètres dans un sens, et de quarante et un à quarante-deux dans l'autre.

Construits sans art, avec des joncs ou des herbes aquatiques ployées et coupées, les nids de cette espèce se rencontrent le plus souvent au-dessus des eaux , posés au milieu des roseaux, sur quelques tas de tiges renversées , ou sur le sommet d'une touffe qui s'élève au-dessus de la surface ; on en trouve aussi qui sont sur terre, à peu de distance du bord ; dans les marais, et même sur les champs cultivés des environs ; et mieux encore quelquefois, à des distances de plus d'un quart de lieue, dans les bruyères ; et jusque dans les bois, où la Cane sait s'emparer des grands nids qu'elle y trouve tout faits pour y établir le sien parfois sur la cime des arbres les plus élevés ; par conséquent dans des lieux où l'eau manque aux très jeunes canetons.

Dans ces derniers cas, les Canes ne font point de nids, à proprement parler ; mais elles s'emparent de celui de quelque autre oiseau, tels que des Pies ou des Corneilles. Et alors, que la ponte ait été faite dans un nid étranger, ou dans quelque creux d'arbre de la forêt, il paraît certain que, aussitôt les petits éclos, la Cane les apporte les uns après les autres, dans son bec, ou sur son dos comme fait le Harle, et les dépose sur un étang à portée du bois. C'est là qu'elle leur donne l'éducation analogue au genre de vie qu'ils doivent mener dans la suite. Lorsqu'ils sont encore fort jeunes, elle les rassemble le soir sur une touffe de joncs, et elle les réchauffe sous ses ailes pendant la nuit, pour ensuite les promener sur les eaux tous les jours, dès le lever du soleil.

Les Canards sauvages offrent le premier exemple, chez les oiseaux, de femelles revêtant, avec l'âge, le plumage des mâles. L'observation en a été faite par Everard Home.

PL. 65. — CANARD CHIPEAU ou RIDENNE.

Chaulelasmus strepera (G.-R. Gray, *ex* Linn.). — *Anas strepera* (Linn.).

Mâle adulte : tête finement mouchetée et comme piquetée de brun noir et de blanc, la teinte noire dominant sur le haut de la tête, où se dessine une bande médiane d'un brun roussâtre, et sur le dessus du cou ; poitrine richement festonnée ou écaillée de noir et de gris ; dos et flancs vermiculés de ces deux couleurs ; sur l'aile, trois taches ou bandes formant miroir, l'une blanche, l'autre noire, et la troisième d'un beau marron rougeâtre ; grandes couvertures, croupion et couvertures du dessous de la queue d'un noir profond. Bec noir ; iris brun clair ; tarses et doigts d'un rouge orange ; membranes noirâtres. Longueur totale : cinquante centimètres environ.

Femelle : plumes du dos d'un brun noirâtre, bordé de roux clair ; poitrine d'un brun rougeâtre marqué de taches noires ; pas de zigzags sur les flancs ; croupion et couvertures inférieures de la queue grisâtres.

Habite les marais et les vastes jonchaies du nord de l'Europe ; très abondant en Hollande, où il vit dans les mêmes lieux que le Canard sauvage ; commun en hiver, sur les côtes maritimes de France ; plus rare dans l'intérieur, où il est de passage et hiverne, ainsi qu'en Italie et en Sicile. L'espèce est la même dans toute l'Amérique septentrionale, où l'on en compte trois variétés assez distinctes, pour que quelques auteurs en aient fait des espèces.

Se nourrit de poissons, de coquillages, d'insectes et de plantes aquatiques.

Niche dans les prairies et dans les joncs ; pond de huit à neuf œufs, d'un gris jaunâtre ou verdâtre, très pâle, mesurant de cinquante-trois à cinquante-six millimètres sur un sens, et de trente-huit à quarante sur l'autre.

Les Chipeaux sont les *Ridennes* de la Picardie, où ils arrivent au mois de novembre par les vents du Nord-Est, et lorsque ces vents se soutiennent quelques jours, ils ne font que passer et ne séjournent pas. Dès la fin de février, aux premiers vents du Sud, on les voit repasser retournant vers le Nord.

PL. 63. — CANARD A LONGUE QUEUE ou PILET.

Dafila acuta (Eyton, *ex* Linn.). — *Anas acuta* (Linn.).

Mâle adulte : sommet de la tête varié de brun et de noirâtre ; joues, gorge et haut du cou d'un brun à nuances violettes et pourprées ; sur la nuque une bande noire bordée de deux bandes blanches ; devant du cou et dessous du corps d'un blanc pur ; dos et flancs rayés de zigzags noirs et cendrés ; sur les scapulaires, de longues taches noires ; miroir de l'aile d'un vert pourpré, bordé en dessus par une bande rousse et en dessous par une bande blanche ; rectrices cendrées et frangées de blanc, les deux mé-

dianes dépassant les latérales de huit centimètres d'un noir verdâtre. Bec d'un bleu noirâtre ; iris brun clair ; pieds d'un cendré rougeâtre ou noirâtre. Taille, y compris l'excédent des deux
longues plumes de la queue, de soixante-trois à soixante-cinq
centimètres.

Femelle adulte : tête et cou d'un roussâtre clair, parsemés de
petits points noirs ; toutes les parties supérieures d'un brun noirâtre marqué de croissants irréguliers et d'un jaune roussâtre ;
parties inférieures d'un jaune roussâtre marqué de brun clair ;
miroir d'un brun roussâtre ou jaunâtre, avec ses deux bandes,
l'une jaunâtre, l'autre blanchâtre ; queue conique, sans les deux
filets.

C'est le *Canard à longue queue* de Buffon.

De trois espèces attribuées à ce type, le Pilet est le seul qui
appartienne à l'Europe, les deux autres étant de l'Amérique
australe.

Habite le nord de l'Europe et de l'Amérique durant l'été, et
le Midi en hiver ; de passage régulier en Hollande, où il niche
quoique en petit nombre ; très abondant à son double passage en
ce pays, en Allemagne, en Belgique et en France, où il hiverne
dans le Midi, ainsi que sur les bords de la mer Noire.

Se nourrit comme les espèces précédentes.

Niche en grand nombre sur les bords des lacs et des marais,
dans les contrées orientales de l'Europe ; pond huit à neuf œufs,
d'un gris verdâtre assez clair, ou d'un cendré roussâtre, mesurant de cinquante-cinq à soixante millimètres dans un sens, et
de quarante-deux à quarante-quatre dans l'autre.

Il ne paraît pas très farouche, et s'habitue aisément à la domestication sur nos pièces d'eau.

C'est un de ceux dont la chair est assez recherchée et mangée, en carême, comme *aliment maigre.*

PL. 66. — CANARD SIFFLEUR ou PÉNÉLOPE.

Mareca Penelope (Selby, *ex* Linn.). — *Anas Penelope* (Linn.).

Mâle adulte : front d'un blanc jaunâtre ; tête et cou d'un roux
marron ; face pointillée de noir ; gorge noire ; poitrine lie de vin ;
dos et flanc marbrés de zigzags noirs et blancs ; couvertures des
ailes et parties inférieures blanches ; miroir de l'aile formé,
comme d'habitude, de trois bandes, dont celle du milieu vert
brillant, et les latérales d'un noir profond ; scapulaires noires
liserées de blanc ; couvertures du dessous de la queue noires. Bec
bleu, noir à la pointe ; iris brun ; pieds cendrés. Longueur totale :
quarante-sept centimètres.

Femelle : tête et cou d'un roux parsemé de taches noires ;
plumes du dos d'un brun noirâtre, bordées de roux ; couvertures
des ailes brunes, liserées de blanchâtre ; miroir d'un cendré
pâle ; poitrine et flancs roux, chaque plume terminée de roux
grisâtre. Bec et pieds d'un cendré noirâtre.

De quatre espèces rangées sous le type créé par Stephenson,
une seule, celle que nous venons de décrire, appartient à l'Europe, les trois autres sont d'Amérique.

Habite principalement les contrées orientales du nord de
l'Europe, où il niche en grand nombre, passe régulièrement en
Hollande et en France, où il niche quelquefois, en Allemagne,
en Italie et en Sicile.

Se nourrit comme les précédents. Niche dans les marais, et
pond huit à dix œufs d'un cendré verdâtre, sale ou jaunâtre, mesurant de cinquante-trois à cinquante-sept millimètres d'un sens,
sur trente-huit à trente-neuf de l'autre.

Le nom de ce Canard lui vient de sa voix claire et sifflante,
qui le distingue de tous les autres Canards, dont la voix est enrouée
et presque croassante. Comme il siffle en volant et très fréquemment, il se fait entendre et reconnaître de loin ; il prend ordinairement son vol le soir et même la nuit ; il a l'air plus gai que les
autres canards ; il est très agile et toujours en mouvement.

Les Canards siffleurs volent et nagent toujours par bandes. Il en passe chaque hiver quelques troupes dans la plupart de nos provinces, même dans celles qui sont éloignées de la mer, comme en Lorraine, en Brie ; mais ils passent en plus grand nombre sur les côtes, et notamment sur celles de la Picardie.

Le Canard siffleur s'accoutume aisément à la domesticité ; il mange volontiers de l'orge, du pain, et s'engraisse fort ainsi nourri. Il lui faut beaucoup d'eau ; il y fait sans cesse mille caracoles de nuit comme de jour. J'en ai eu, dit encore Baillon, plusieurs fois dans ma cour : ils m'ont toujours plu à cause de leur gaieté.

Sa chair est fort bonne ; on la mange, en carême, comme *chair maigre.*

8ᵉ GROUPE GÉNÉRIQUE

TADORNE, *TADORNA* (Fléming).

Bec presque de la longueur de la tête, plus haut· que large à la base qui entame et emboîte presque le front, concave au milieu, aplati et légèrement retroussé à l'extrémité ; à peu près de même largeur dans toute son étendue ; mandibule inférieure presque entièrement cachée par la supérieure ; lamelles de celle-ci un peu saillantes vers le milieu du bec ; onglets étroits à leur origine, celui de la mandibule supérieure large et coupé carrément à l'extrémité, très recourbé et faisant un peu retour en arrière ; narines submédianes larges, ovales, assez distantes ; ailes de moyenne longueur, aiguës ; queue courte, médiocrement arrondie ou presque égale, à pennes larges à l'extrémité ; bas de la jambe nu sur une faible étendue ; tarses épais, un peu plus longs que le doigt médian ; doigts relativement courts. Enfin, leurs pieds assez élevés et assez à l'équilibre du corps pour permettre la marche et même la course plus faciles. (Gerbe.)

Chez l'espèce type, le mâle, à l'époque des amours, porte à la base du bec une excroissance charnue qui ne se manifeste pas chez les autres espèces.

Les Tadornes fréquentent les côtes, les cours d'eaux et les lacs de l'intérieur ; se nourrissent comme les Canards, mais, à leur différence, sont généralement fouisseurs ou terriers, ce qui ne les empêche pas, à l'occasion, de nicher dans les fentes des rochers, dans les cavités et même sur le sommet des arbres.

On en a fait deux types, l'un sous le nom de *Tadorne*, qui ne renferme que deux espèces, une de la Nouvelle-Hollande et une

européenne que nous allons décrire la première ; l'autre sous le
nom de *Kasarca*, qui renferme cinq espèces, dont une seule
propre à l'Europe.

PL. 66. — TADORNE DE BELON.

Tadorna Belonii (Ray).

Mâle adulte : tête et cou d'un vert très sombre ; partie inférieure du cou, couvertures des ailes, dos, flancs, croupion et
base de la queue d'un blanc pur ; scapulaires, une large bande
sur le milieu du ventre, abdomen, rémiges et l'extrémité des
pennes caudales d'un noir profond ; un large ceinturon roux
entoure la poitrine et remonte sur le haut du dos ; miroir de l'aile
d'un vert pourpré ; couvertures inférieures de la queue rousses.
Le bec et la protubérance charnue du front d'un rouge de sang ;
iris brun ; pieds couleur de chair. Longueur totale : un peu plus
de soixante centimètres.

Femelle : plumage entièrement grisâtre, varié de brun ; gorge
blanche ; bande blanchâtre, tachée de brun passant au-dessus des
yeux, et une autre noirâtre les traversant ; miroir de l'aile
semblable, mais plus nuancé de violet. Bec d'un gris verdâtre.

Habite le nord et les contrées occidentales de l'Europe, le long
des bords de la mer ; très rare en Angleterre, où il niche quelquefois ; très abondant en Hollande et sur les côtes de France, telles
que celles du Havre, du Boulonnais et de la Picardie, où il niche
chaque année ; accidentellement de passage en Allemagne ; se
trouve sur le littoral de la Baltique, aux îles Orcades et Shetland,
sur les côtes européennes de l'océan Atlantique et de la Méditerranée ; on l'a rencontré dans l'océan Pacifique et l'océan Indien,
sur le littoral de la Chine et du Japon.

Niche dans les dunes de sable, le plus souvent dans les trous
abandonnés des lapins ; fréquemment aussi dans les fentes et dans
les trous des rochers ; plus rarement sur les arbres. Pond de dix
à douze œufs d'un blanc presque pur, avec une teinte verdâtre à

peine sensible, mesurant de soixante-deux à soixante-cinq millimètres de grand diamètre, et de quarante-quatre à quarante-six
de petit.

Quoiqu'on ait aussi donné aux Tadornes le nom de *Canard
de mer*, et qu'en effet ils habitent de préférence sur ses bords,
on ne laisse pas d'en rencontrer quelques-uns sur des rivières ou
des lacs même assez éloignés dans les terres ; mais le gros de l'espèce ne quitte pas les côtes. Chaque printemps, il en aborde
quelques troupes sur celles de Picardie, et c'est là que Baillon
père a suivi les habitudes naturelles de ces oiseaux, sur lesquels
il a fait les observations suivantes :

« Le printemps, écrivait-il à Buffon, nous amène les Tadornes,
mais toujours en petit nombre. Dès qu'ils sont arrivés, ils se répandent dans les plaines de sable, dont les terres voisines de la
mer sont ici couvertes ; on voit chaque couple errer dans les ga-
rennes qui y sont répandues, et y chercher logement parmi ceux
des lapins. Il y a probablement beaucoup de choix dans cette espèce de demeure, car ils entrent dans une centaine avant 'd'en
trouver une qui leur convienne. On a remarqué qu'ils ne s'attachent qu'aux terriers qui ont au plus une toise et demie de pro-
fondeur, qui sont percés contre dos-à-dos ou monticules et en
montant, et dont l'entrée, exposée au midi, peut être aperçue du
haut de quelque dune peu éloignée.

» Les lapins cèdent la place à ces nouveaux hôtes et n'y
rentrent plus. »

Les Tadornes ne se bornent pas toujours aux terriers des lapins pour s'y établir ; ils convoitent également aussi, à l'occasion
et selon les localités, ceux des blaireaux et même ceux des renards, ce qui peut paraître extraordinaire, à l'égard de deux de
leurs plus grands ennemis naturels.

Après plusieurs jours d'observations patientes, il constata que
les oiseaux avaient fait élection de domicile dans un autre terrier
situé à quelque distance où, plusieurs mois auparavant, on avait
capturé un blaireau, et qui était encore habité par un renard et
un blaireau dont on reconnaissait les pistes fraîches et s'entre-

croisant en tous sens, ainsi qu'on put le constater sur une longueur de plus de deux mètres.

Caché en observation derrière un monticule de sable, le garde remarqua l'entrée et la sortie fréquentes des Tadornes, qui semblaient parfaitement tranquilles, malgré cette étrange cohabitation; car, bien que ce terrier fût considérable et comprît un grand nombre de galeries, il pouvait se faire que renard ou blaireau et Tadornes se rencontrassent à l'entrée.

Le docteur Badius, directeur du Jardin zoologique de Cologne, dit aussi, qu'indépendamment des terriers de lapins dont s'empare le plus ordinairement le Tadorne, il lui arrive encore de s'enfoncer dans ceux de renards, et que, dans ce cas, il impose presque toujours, par son courage, à ces perfides animaux.

Si fouilleur que soit le Tadorne, le même savant naturaliste a donné en 1862, sur cet oiseau, de curieux détails, qui font voir qu'il manquerait parfois, exceptionnellement et d'une façon remarquable, à ses habitudes et à sa réputation d'oiseau terrier.

« Il lui arriverait, en outre, dit le docteur Badius, de faire son nid sur des toits ou sur des arbres élevés, et alors, quand ses petits sont assez grands, ils se laissent simplement tomber, à la manière des jeunes Anhingas (1). Seulement, ceux-ci, dont le nid est presque constamment établi sur les arbres, au bord ou au-dessus de l'eau, n'ont qu'à s'y laisser choir; tandis que les jeunes Tadornes, dont le nid est souvent séparé par une distance assez considérable des bords de la mer, sont obligés de s'élancer sur le sol; mais leur épais duvet prévient suffisamment les dangers de la chute (2). »

Le Tadorne se prive aisément et se reproduit même en domesticité.

Aux jardins zoologiques de Paris, de Londres, d'Anvers et de Berlin, des Tadornes ont également pondu et amené à bien leurs couvées.

(1) Espèce de grand oiseau palmipède, qui ne se trouve que dans l'Afrique méridionale, l'Amérique méridionale et à la Nouvelle-Hollande.

(2) Journal l'*Acclimatation*, ibid.

PL. 67. — TADORNE KASARKA.

Tadorna Kasarca (Mac-Gillivray, *ex* Linn.). — *Anas Kasarca* (Linn.).

Mâle adulte : toute la tête et moitié supérieure du cou d'un gris de souris ; au-dessous de cette couleur un collier étroit d'un brun noirâtre ; tout le corps d'un roux rougeâtre ; croupion et queue d'un noir verdâtre ; rémiges noires ; moyennes couvertures alaires formant miroir d'un blanc pur, les plus grandes formant miroir d'un vert foncé. Bec noir ; iris d'un brun foncé ; pieds d'un brun noirâtre. Jamais de tubercule charnu à la base de la mandibule supérieure. Longueur totale : cinquante-cinq à cinquante-huit centimètres.

Femelle adulte : pas de collier noir ; une partie de la tête blanche ou blanchâtre ; front d'un brun roux ; cou souvent varié de blanc et de brun cendré ; le roux du plumage plus clair et plus lavé ; le reste comme dans le mâle.

Se nourrit et niche, comme le Tadorne de Belon, dans les trous des rochers qui bordent les grands fleuves de la Russie, dans des arbres creux, et le plus ordinairement dans des trous abandonnés par d'autres animaux, ce qui lui a fait donner par les Turcs le nom de *Quaz-Tilki,* Oiseau-Renard. Pond de huit à neuf œufs blancs, mesurant de soixante-trois à soixante-six millimètres dans son grand axe et de quarante-six à quarante-huit dans son petit.

Habite les contrées orientales de l'Europe ; nulle part plus commun que dans les grandes plaines du Kurdistan ; très commun aussi sur le littoral du Pont-Euxin ; répandu jusqu'en Perse et dans l'Inde ; de passage accidentel en Autriche, en Hongrie et en Allemagne ; jamais le long des côtes de l'Océan. On le trouve aussi dans les parties orientales de l'Afrique du Sud et en Égypte.

A part ces trop vagues renseignements, on ne savait rien, jusqu'à ce jour, de l'histoire du Kasarka, que son congénère avait fait rester dans l'ombre. Grâce à Levaillant et au jeune et hardi voyageur, M. Théophile Deyrolles, nous sommes en mesure de reconstituer son histoire.

Nous avons vu la présence de certains oiseaux de mer, dans les hauts parages, être pour les navigateurs, le précieux indice de la proximité des côtes ou de l'existence de quelque île ou de quelque terre inconnues. La présence de certaines espèces de Canards, rencontrées dans les lieux arides, rend un service tout aussi utile, si ce n'est plus important, aux voyageurs égarés dans les solitudes et martyrisés par la chaleur ou par la soif, en leur indiquant la direction d'une source d'eau, ainsi qu'il est arrivé à Levaillant.

La chair du Kasarka est savoureuse et délicate, surtout celle des jeunes.

En résumé, on peut dire, avec Buffon ou son collaborateur, qu'à part leurs excentricités de nidification, les Tadornes, qui ressemblent beaucoup aux vrais Canards, leur ressemblent aussi par le surplus de leurs habitudes naturelles ; seulement, ils ont plus de légèreté dans leurs mouvements et montrent plus de gaîté et de vivacité. Ils ont encore sur tous les Canards, même les plus beaux, un privilège de nature qui n'appartient qu'à ce groupe : c'est de conserver constamment et en toute saison, sauf le cas d'une maladie spéciale, les belles couleurs de leur plumage.

4ᵉ FAMILLE

ANSÉRINÉS (Oies). — Anserinæ (Ch. Bonap.).

La famille des Ansérinés ou Oies est partagée, comme celle des Anatiens ou Canards, en deux races ou grandes tribus, dont l'une, depuis longtemps domestique, s'est affectionnée à nos demeures, et a été propagée, modifiée par nos soins ; et l'autre, beaucoup plus nombreuse, nous a échappé, et est restée libre et sauvage ; car, comme dit l'abbé Bexon, on ne voit, entre l'oie domestique et l'oie sauvage, d'autres différences que celles qui doivent résulter de l'esclavage sous l'homme, d'une part, et de l'autre, de la liberté de la nature.

Cette famille, composée de près de quarante espèces, a été divisée méthodiquement en Cygnops, Chens, Eulabées, Bernaches, Oies proprement dites, Chloëphages, Cyanochens, Chamydochens, Céréops, que nous réunissons sous l'unique dénomination d'*Oies*, et dont nous ne réservons pour l'ornithologie d'Europe que les Bernaches et les Oies proprement dites. Presque toutes portent un tubercule osseux ou orné plus ou moins prononcé en dedans ou au-dessous du coude de chaque aile. De plus leurs jambes, comme chez les Tadornes, sont placées presque au centre de gravité du corps ; leurs tarses assez élevés ; leurs ailes généralement longues. Ce sont au total de gros Canards, ne diffèrent de ceux-ci, chez les vraies Oies surtout, que par leur mandibule inférieure découverte de la base à l'extrémité, et montrant, pour ainsi dire, toutes ses dents en lamelles, ce qui n'a pas lieu chez d'autres espèces de la même famille aussi fécondes et aussi domesticables.

Leurs habitudes n'offrent guère plus de différences : les uns broutant plus qu'ils ne barbotent, les autres mêlant à leur nourriture les coquillages ou mollusques aux herbes et aux grains.

Il est pourtant une de ces habitudes qui leur est toute particulière dans les rapports ou les querelles des individus les uns avec les autres. Ainsi, il n'est pas rare, chez les Oies, de voir des rivalités de mâle à mâle. Dans ce cas, après force coups d'ailes ou de becs rendus et donnés, ils finissent toujours par s'enlacer le cou l'un à l'autre et se serrer jusqu'à s'étouffer, ce qui arrive quelquefois à l'un d'eux. Nous retrouverons ce mode de lutte et de combat chez les Cygnes.

Par exemple, l'ordre que les oiseaux de cette famille observent dans leur vol, presque toujours élevé, est plus accentué et plus remarquable que celui que suivent les Canards.

Ce mouvement, à l'inverse de celui des Canards, en est doux et ne s'annonce par aucun bruit ni sifflement ; l'aile, en frappant l'air, ne paraît pas se déplacer de plus de cinq ou six centimètres de la ligne horizontale. Mais, de même que celui des Canards, ce vol se fait dans un ordre qui suppose des combinaisons et une espèce d'intelligence supérieure à celle des autres oiseaux dont les troupes partent confusément et sans ordre. Celui que suivent les Oies semble leur avoir été tracé par un instinct géométrique ; car nous ne saurions trop insister sur ce point : c'est à la fois l'arrangement le plus commode pour que chacun suive et garde son rang, en jouissant en même temps d'un vol libre et ouvert devant soi, et la disposition la plus favorable pour fendre l'air avec plus d'avantage et moins de fatigue pour la troupe entière ; car elles se rangent sur deux lignes obliques forment un angle, comme un V, pour nous servir de la comparaison de l'abbé Bexon, à qui nous empruntons ces détails ; or, si la bande est petite, elle ne forme qu'une seule ligne ; mais, ordinairement, la troupe est de quarante à cinquante ; chacun y garde sa place avec une justesse admirable. Le chef, qui est à la pointe de l'angle et fend l'air le premier, va se poser au dernier rang lorsqu'il est fatigué, et tour à tour les autres prennent la première place.

Mais elles vont régulièrement, tous les soirs, se rendre sur les eaux des rivières, ou des plus grands étangs, pour éviter par là les poursuites du Renard, qui ne manque jamais de venir, pendant la nuit, visiter les champs qu'elles ont fréquentés durant la journée ; elles y passent la nuit entière, et n'y arrivent qu'après le coucher du soleil ; il en survient même après la nuit fermée ; et l'arrivée de chaque nouvelle bande est célébrée par de vives acclamations, auxquelles les arrivants répondent ; de façon que, sur les huit ou neuf heures, et dans la nuit la plus profonde, elles font tant de bruit et poussent des clameurs si multipliées, qu'on les croirait assemblées par milliers : ce qui est la réalité dans les régions arctiques, où leurs colonnes, innombrables comme celles des Palmipèdes grands voiliers, se comptent par légions.

La famille des Ansérinés se divise en deux groupes bien distincts : celui des Bernaches, et celui des Oies proprement dites.

Iᵉʳ GROUPE GÉNÉRIQUE

BERNACHE, *BERNICLA* (Steph.).

Bec plus court que la tête, mince, droit, c'est-à-dire sans aucune courbure du front à la pointe, légèrement renflé seulement dans son milieu, à la hauteur des narines; lamelles, comme chez les Tadornes, complètement cachées par la mandibule supérieure, dont la tranche ne déborde cependant pas; onglet médiocre et recourbé; narines médianes elliptiques; ailes longues, aiguës; queue courte, arrondie; bas des jambes emplumé; tarses plus longs que le doigt médian.

Les Bernaches, durant ce que nous appellerons le moyen âge de la science, qui n'est pas celui de l'histoire, ont partagé la réputation légendaire des Macreuses, n'ayant ni père ni mère, selon l'expression de l'abbé Bexon, ne sortant pas d'un œuf, mais, à la fantaisie des auteurs, tels que Scaliger, Cardan, etc., etc., éclosant, tantôt des fruits de certains arbres des côtes d'Écosse et des Orcades, tombés dans la mer, et dont la conformation offrait d'avance des linéaments d'un volatile, tantôt des coquillages ou mollusques (les Anatiffes) dont nous avons parlé en nous occupant des Macreuses.

Une simple coïncidence accrédita cette erreur. Beaucoup de mollusques, selon les époques ou les saisons, entre autres les Anatiffes, apparaissent en masse, avec leurs appendices, à la surface de la mer, ou s'immergent tout à coup, sans laisser trace de leur passage : l'apparition immédiate en grand nombre des Bernaches sur les mêmes lieux, à la suite de cette immersion, faisait croire à une transmutation subite et spontanée des unes aux autres.

On compte neuf espèces de Bernaches, dont trois seulement appartenant à la faune européenne ; toutes du cercle arctique, elles ont les habitudes presque exclusivement maritimes.

PL. 68. — BERNACHE-NONNETTE.

Bernicla leucopsis (Boïé, *ex* Bechstein). — *Anser Bernicla* (Pallas, Leach). — *Anser leucopsis* (Bechst.).

Mâle adulte : front, joues et gorge d'un blanc plus ou moins pur ; lorums, milieu du vertex, occiput, nuque, cou et haut de la poitrine d'un beau noir lustré ; plumes du dos, scapulaires et couvertures supérieures des ailes d'un gris cendré, terminées de blanc, avec une large bande transversale noire vers le bout ; croupion, sus-caudales médianes noirâtres ; les latérales blanches ; dessous du corps d'un blanc grisâtre ondé de brunâtre ; rémiges et queue noires ; bec et pieds noirs ; bord des paupières et iris brun noirâtre. Taille : soixante-trois centimètres. (Gerbe.)

Femelle adulte : nulle différence que la taille plus petite.

Habite les contrées du cercle arctique des deux mondes ; de passage, en automne et en hiver, dans les pays tempérés ; assez abondant alors en Hollande et en Angleterre ; moins souvent en Allemagne et en France.

Se nourrit, entre autres aliments, de la moelle douce de grands roseaux, qui rend, dit-on, leur chair très bonne.

Niche aux lieux qu'elle habite ; nicherait aussi en Norwège, où, selon Pontoppidam, on la voit tout l'été. Ses œufs, d'un blanc jaunâtre ou légèrement verdâtre, ont de dimension soixante-dix à soixante-seize millimètres dans un sens, et cinquante à cinquante-trois dans l'autre.

Les Bernaches-Nonnettes ne paraissent qu'en automne et durant l'hiver sur les côtes des provinces d'York et de Lancastre en Angleterre, où elles se laissent prendre aux filets, sans montrer la défiance ni l'astuce naturelle aux autres oiseaux de leur famille ; elles se rendent aussi en Irlande, et particulièrement dans la baie de Long-Foylea, près de Londonderri, où on les voit

plonger sans cesse pour couper par la racine les grands roseaux
dont la moelle leur sert de nourriture.

Le nom de *Nonnette*, conservé à cette espèce, est celui que lui
avait donné Belon, qui l'appelait aussi *Religieuse,* à cause de son
plumage agréablement coupé par grandes pièces de blanc et de
noir.

Elle se plie assez facilement à la domesticité.

PL. 69. — BERNACHE-CRAVANT.

Bernicla Brenta (Steph., *ex* Briss.).

Mâle adulte : tête, cou et haut de la poitrine d'un noir terne,
avec un espace maculé de blanc de chaque côté du cou, formant
un quart de collier ; dos, scapulaires et couvertures des ailes
d'un gris très foncé, terminé par une bande d'un brun clair très
peu distincte ; milieu du ventre d'un cendré brun ; plumes des
flancs d'un cendré très foncé, toutes terminées par une tache
blanchâtre ; abdomen et couvertures de la queue d'un blanc pur ;
rémiges, pennes secondaires et caudales d'un noir profond. Bec
et pieds noirs ; iris d'un brun noirâtre. Longueur totale : cinquante-huit centimètres environ.

Femelle : pas de différence, taille plus petite.

Habite les marais et les bruyères dans les régions arctiques
du globe ; très abondante en hiver et au printemps à son passage
en Hollande ; moins commune en France, très rare dans l'intérieur des terres ; accidentellement en Allemagne.

Niche très avant vers le pôle ; œufs d'un blanc pur ou roussâtre, mesurant de soixante-seize à soixante-dix-huit millimètres
sur cinquante et un à cinquante-cinq.

On est parvenu aujourd'hui, non seulement à très bien
domestiquer cette espèce, mais encore à la faire propager en
domesticité.

PL. 70. — BERNACHE A COU ROUX.

Bernicla ruficollis (Boïé, *ex* Pallas). — *Anser ruficollis* (Pall.).

Mâle adulte : espace blanc entre l'œil et le bec ; du blanc derrière les yeux et sur les côtés du cou ; ceinturon de cette couleur entourant toute la partie inférieure de la poitrine et remontant sur le dos ; sommet de la tête, gorge, ventre, queue et toutes les parties supérieures d'un noir profond ; abdomen, couvertures inférieures de la queue et croupion d'un blanc pur ; devant du cou et poitrine d'un beau roux rougeâtre ; bande noire s'étendant tout le long de la partie postérieure du cou ; grandes couvertures des ailes terminées de blanc. Bec brun avec onglet noir ; iris d'un brun jaunâtre ; pieds noirs. Taille de cinquante-quatre à cinquante-six centimètres.

Femelle adulte : plus petite, sans taches blanches au front ; noir de la gorge moins étendu, roux du cou et de la poitrine moins vif ; ceinturon blanc rayé irrégulièrement de noir. (Gerbe.)

Habite les contrées arctiques de l'Asie ; vit jusque sur les bords de la mer Glaciale ; de passage périodique en Russie, commune dans les parages de la mer Caspienne, et s'avançant quelquefois jusqu'à la mer Noire ; très accidentellement en Allemagne ; bien plus rare en Angleterre, en France et dans les Pays-Bas.

Se nourrit comme les espèces précédentes ; niche dans les contrées du nord de la Russie, sur les bords de la mer Glaciale et à l'embouchure des fleuves Ob et Lena. Ses œufs diffèrent pour la forme et la teinte de ceux des autres Bernaches, et mesurent de soixante-neuf à soixante et onze sur quarante-quatre à quarante-cinq millimètres.

On ne sait rien de particulier des habitudes de cette espèce.

2ᵉ GROUPE GÉNÉRIQUE

OIE PROPREMENT DITE, *ANSER* (Barrère).

Bec de la même longueur que la tête, conique, très élevé à la base, qui remonte au front et en occupe présque toute la largeur, un peu renflé au bout, où l'onglet, gros, robuste et obtus, est presque aussi large que l'extrémité même du bec ; lamelles perpendiculaires, espacées, saillantes, en forme de dents sur tout le bord de la mandibule supérieure, qui les laisse à découvert ; narines médianes elliptiques, avec leur ouverture étroite, percées horizontalement et parallèlement au bord de la mandibule supérieure, qui est rectiligne ; ailes aiguës, atteignant à peine l'extrémité de la queue, qui est de moyenne longueur et légèrement arrondie sur les côtés ; tarses épais, de la longueur du doigt médian.

Sur huit espèces, toutes du cercle arctique, ainsi que les Bernaches, quatre sont considérées comme appartenant à l'Europe.

Beaucoup plus sociables que ces dernières, mais voyageant aussi par troupes, l'aisance de leur démarche fait qu'elles semblent partager leur temps entre le parcours des champs et des prés pour paître, et l'eau pour s'y reposer et y trouver un abri. Sous ce rapport on a fait cette remarque, que leurs habitudes sont bien différentes de celles des Canards qui quittent les eaux à l'heure où elles s'y rendent, et qui ne vont pâturer dans les champs que la nuit, et ne reviennent à l'eau que quand les Oies la quittent.

Des plus domesticables, susceptibles d'attachement, d'une fécondité extrême, elles semblent réunir toutes les qualités pour être une des plus précieuses conquêtes de l'homme par la saveur de leur chair et l'abondance de leur chaud duvet, qui ne le cède guère à celle de l'Eider qu'en finesse et légèreté.

PL. 71. — OIE CENDRÉE ou PREMIÈRE.

Anser cinereus (Meyer). — *Anas anser* (Gmelin).

Mâle adulte : plumage d'un cendré clair ; haut du dos, scapulaires, moyennes et grandes couvertures des ailes d'un cendré brun liseré de blanchâtre ; petites couvertures, tout le bord extérieur des ailes et la base des rémiges d'un cendré blanchâtre ; croupion cendré, abdomen et dessous de la queue d'un blanc pur. Tout le bec et la membrane des yeux d'un jaune orange ; iris d'un brun foncé, pieds couleur chair jaunâtre. Longueur totale : quatre-vingts centimètres environ.

Femelle : plus petite, et d'un cendré plus clair en dessus. Habite les mers, les plages et les marais des contrées orientales de l'Europe ; avance rarement vers le Nord au delà du cinquante-troisième degré ; abondante en Allemagne, en Danemark et en Russie, où elle se reproduit ; en très petit nombre à son passage en Hollande et en France.

Se nourrit de végétaux aquatiques et de toutes sortes de graines.

Niche dans les bruyères, dans les marais, sur les tertres de joncs coupés et d'herbes sèches. Pond cinq, six ou huit œufs, très rarement douze ou quatorze, d'un blanc jaunâtre ou légèrement verdâtre, mesurant de quatre-vingt-deux à quatre-vingt-dix millimètres dans un sens, et de cinquante-quatre à soixante-deux dans l'autre.

Cette espèce passe pour être sinon l'unique, du moins la principale souche de notre Oie domestique, qui semble même en avoir conservé l'instinct de voyage et de migration de la race.

PL. 72. — OIE SAUVAGE ou DES MOISSONS.

Anser sylvestris (Brisson). — *Anas segetum* (Gmel.).

Mâle adulte : tête et haut du cou d'un cendré brun ; bas du cou et parties inférieures d'un cendré clair ; haut du dos, scapulaires et toutes les couvertures des ailes, qui dépassent l'extrémité de la queue, d'un cendré brun liseré de blanchâtre; croupion d'un brun noirâtre; abdomen et dessous de la queue d'un blanc pur. Bec noir à sa base et sur l'onglet, d'un jaune orange dans le milieu; membranes des yeux d'un gris noirâtre; iris brun foncé; pieds d'un rouge orange. Longueur totale : de soixante-quinze à quatre-vingt-cinq centimètres.

Femelle : plus petite, avec les teintes moins prononcées.

Habite les contrées arctiques; émigre périodiquement par nos climats; très abondante à son double passage en Angleterre, en Allemagne, en France, mais surtout en Hollande; rare dans les provinces du centre de l'Europe; très accidentellement dans celles du midi, où elle a été vue dans les Basses-Pyrénées et dans le département du Gard; passe cependant assez régulièrement en Suisse et en Savoie.

Se nourrit de végétaux aquatiques et terrestres, de semences et de graines.

Ne niche et ne se reproduit que dans les régions du cercle arctique, au milieu des bruyères et des marais; pond de dix à douze œufs d'un blanc jaunâtre, qui mesurent quatre-vingt-deux à quatre-vingt-cinq millimètres dans le grand axe, et cinquante-trois à cinquante-sept dans le petit.

Cette espèce est, après la Bernache, celle qui cause les plus grands dégâts dans les champs de blé et de colza, lorsque ses bandes s'y arrêtent. Elle ne paraît pas, comme l'Oie cendrée, fréquenter ni longer les bords de la mer dans ses migrations.

On a vu nos oiseaux domestiques, à l'époque des migrations de leurs congénères sauvages, éprouver le besoin de reprendre leur liberté, pour essayer de les suivre à leur appel. L'espèce dont nous nous occupons offre cette singularité contraire : celle d'Oies réellement sauvages pendant tout l'été, redevenant, de leur propre volonté, domestiques tout l'hiver, ainsi que cela s'observe dans les villages en Crimée.

PL. 73. — OIE-RIEUSE ou A FRONT BLANC.

Anser albifrons (Bechst.). — *Anas albifrons* (Gmel.).

Mâle adulte : un grand espace d'un blanc pur sur le front ; gorge blanche, autour de ce blanc, une bande de plumes d'un brun noirâtre ; tête et cou d'un brun cendré ; plumes du dos, des scapulaires, des couvertures alaires et des flancs d'un brun terne, toutes terminées par une bordure d'un brun roussâtre, formant écaillure ; rémiges noires ; pennes secondaires terminées de blanc ; poitrine et ventre blanchâtres, mais variés d'un plus ou moins grand nombre de plumes noires. Bec, tour des yeux et pieds d'un jaune orange ; onglet blanchâtre ; iris brun. Taille d'environ soixante-dix centimètres.

Femelle : sauf la taille plus petite, semblable, avec les teintes seulement plus effacées.

Habite le nord des deux mondes ; très commune en Hollande, à son passage d'automne, ainsi qu'en Angleterre, à celui du printemps ; plus rare en Allemagne, mais toujours par grandes bandes dans plusieurs provinces de France, telles que l'Anjou, la Lorraine et les Basses-Pyrénées ; excessivement rare en Savoie.

Niche très avant dans les régions arctiques ; pond neuf à douze œufs d'un blanc sale, mesurant de quatre-vingts à quatre-vingt-quatre millimètres sur cinquante-quatre à cinquante-huit.

Elle paraît presque toujours précéder les autres bandes d'Oies dans leurs migrations, du moins l'observation en a-t-elle été faite en Angleterre.

Ainsi, en Écosse, c'est vers le mois de mars qu'on voit arriver les grandes troupes d'Oies. D'abord, et au commencement du mois, des compagnies peu nombreuses d'Oies à front blanc ouvrent la marche ; puis, dans les derniers jours du même mois, généralement par une belle soirée, la baie de Findhorne, entre autres, observe le *Portefeuille d'un chasseur*, s'en couvre entièrement. Elles arrivent au coucher du soleil ; c'est alors un babil, un caquetage à ne pas s'entendre pendant plusieurs heures ;

mais , dès le point du jour, elles paraissent avoir choisi leurs stations respectives ; elles se divisent en petits groupes , se dispersent dans les terres , et ne se réunissent plus que pour quitter le pays, à la fin d'avril ou au commencement de mai.

Cette espèce vit et se propage dans les basses-cours ; mais il faut avoir soin de lui ébouter l'aile. Elle se nourrit, en domesticité, comme les Oies domestiques, de graines et de feuilles graminées. Sa chair est assez bonne.

PL. 74. — OIE DE BAILLON.

Anser brachyrhynchus (Baillon).

Mâle adulte : tête et haut du cou bruns ; bas du cou d'un cendré roux ; dessus du corps brun cendré orné de blanchâtre , avec les deux plus longues des scapulaires bordées de blanc ; les plus grandes des sus-caudales blanches, les autres noirâtres ; poitrine et partie supérieure de l'abdomen d'un cendré blanchâtre ; bas-ventre, sous-caudales d'un blanc pur ; flancs bruns ondés de blanchâtre ; petites et moyennes couvertures supérieures des ailes d'un cendré bleuâtre bordé de blanc, les deux premières rémiges également d'un cendré bleuâtre, les autres noires ; rectrices de cette dernière couleur. Bec jaune orange, nuancé de rouge vermillon entre les narines et l'onglet, qui est noir ainsi que la base du bec ; iris brun ; pieds rouges. Taille de soixante-cinq centimètres. (Gerbe.)

Femelle : plus petite et moins brune.

C'est à Baillon, le digne fils du savant correspondant de Buffon, que l'on doit la connaissance de cette espèce, qu'il a publiée en 1833 ; ce qui nous lui a fait donner son nom.

Elle habite le nord de l'Europe orientale et passe irrégulièrement en France.

De Lamotte, le vieil ami de Baillon, en a eu plusieurs qui vivaient dans sa maison de campagne, près d'Abbeville, où nous les avons vues avec des Oies sauvages, des Oies cendrées et des

Oies rieuses, avec lesquelles elles ne se mêlaient jamais, faisant constamment bande à part.

Elles y ont couvé en 1841. Leurs œufs ressemblent à ceux de l'Oie vulgaire, et mesurent quatre-vingt-cinq millimètres sur cinquante-six. Nous en avons possédé, dans notre collection, que nous devions à l'obligeance de M. de Lamotte.

PL. 75. — OIE NAINE.

Anser erythropus (Newton, *ex* Linn.). — *Anas erythropus* (Linn.).

Adulte : large bandeau blanc, en arrière de la mandibule supérieure, limitée en arrière par un trait noir remontant en pointe mousse sur le front, vers le milieu des yeux ; dessus de la tête et partie postérieure du cou d'un gris brun foncé ; côtés de la tête, devant et côté du cou d'un gris cendré, lavé de brun ; plumes du manteau et petites scapulaires brun cendré, frangées de roussâtre ; grandes scapulaires d'un gris brun un peu plus sombre, sans bordure claire, ou avec un liseré blanchâtre très fin et à peine sensible ; bas du dos et croupion d'un gris noirâtre glacé de cendré ; sus-caudales latérales blanches ; parties inférieures, jusqu'au bas-ventre, d'un brun cendré clair, passant au brun sombre sur les flancs, ondulées de blanchâtre et de noir sur une grande partie de l'abdomen, de roussâtre sur les côtés de la poitrine et des régions inférieures du cou ; bord externe de la plupart des plumes des flancs frangé de blanc ; bas-ventre et sous-caudales blancs ; petites couvertures supérieures des ailes grises ; les moyennes, grises à la base, teintées de brun à l'extrémité ; les grandes primaires d'un gris cendré clair ; les grandes secondaires brunes, terminées de blanc ; grandes rémiges primaires noires, extérieurement bordées de gris ; rémiges secondaires noires ; rectrices d'un gris noirâtre bordées et terminées de blanc teinté de roussâtre. Bec et pieds couleur de chair ; onglet blanchâtre ; iris brun. Longueur totale d'environ cinquante-six centimètres. Gerbe.)

Habite les régions du cercle arctique, et se montre dans l'Europe tempérée à l'époque de ses migrations.

On ne connaît ni son mode de nidification, ni ses œufs.

PL. 76. — OIE HYPERBORÉE ou DE NEIGE.

Anser hyperboreus (Pallas).

Mâle adulte : d'un banc pur, avec le front d'un roux de rouille, et la moité postérieure des rémiges noire. Bec très membraneux et ridé à la base, d'un beau rouge à la mandibule supérieure, l'inférieure blanchâtre, avec les onglets bleus ; iris d'un gris brun ; cercle nu des yeux du même rouge que la mandibule supérieure du bec ; tarses un peu plus longs que ceux des espèces précédentes, d'un rouge très foncé. Longueur totale d'environ soixante-seize centimètres.

Femelle : en tout semblable.

Habite les régions arctiques ; de passage régulier dans les parties orientales de l'Europe ; se rencontre souvent en Grèce, en Crimée et sur la mer Noire ; accidentellement en France et en Autriche ; jamais en Hollande.

Se nourrit de joncs, de racines d'herbe et d'insectes.

Niche en Sibérie et dans les régions polaires de l'Amérique ; pond des œufs d'un blanc jaunâtre.

Les rides du bec et la légère différence de longueur des tarses sont les seuls caractères sur lesquels se soient appuyés les méthodistes pour faire de cette espèce, sous le nom de *Chen*, le type d'un groupe générique à part, que nous ne reconnaissons pas ; d'autant qu'ils ne sont même pas d'accord sur l'identification spécifique de leur type.

Mais les auteurs sont loin d'être d'accord. Ainsi, Temminck, et à la suite Ch. Bonaparte et Gerbe, donnent comme jeunes de l'Oie de neige, et synonymes de l'Oie bleuâtre de Gmelin et de Linné, les individus que d'autres auteurs, et en tête M. Barnston, considèrent, d'après leurs observations personnelles, comme une espèce essentiellement distincte. Nous rangeant aux raisons de

ce dernier que nous déduirons tout à l'heure, nous allons décrire
à part l'*Oie bleuâtre*, ce prétendu synonyme de Linné et de Gmelin,
puisqu'elle se rencontre également en Europe.

PL. 76. — OIE BLEUATRE.

Anser cærulescens (Barnston, *ex* Linn.).— *Anser sylvestris freti Hudsonii* (Briss.).

Mâle adulte : toute la tête et la partie supérieure du cou d'un
blanc pur; partie inférieure du cou, poitrine et dos, d'un brun
cendré violet, chaque plume écaillée de brun clair; toutes les
couvertures des ailes d'un gris bleu assez foncé; ventre et abdomen blanchâtres, tapissés de plumes brunes. Angle du bec et
bords de la mandibule noirs; pieds bruns.

Temminck avait bien raison, en décrivant ses individus, de
dire que ces prétendus jeunes de l'Hyperborée *différaient extraor-
dinairement* des vieux; cette singularité seule eût dû le faire réflé-
chir avant d'identifier les uns aux autres.

Quoi qu'il en soit, nous pouvons dire, quant à présent, que, de
même que sa congénère, l'Oie bleuâtre habite les régions du
cercle arctique des deux mondes, et notamment dans l'Amérique
boréale, la contrée s'étendant depuis l'extrémité nord-est du
Labrador jusqu'au cap Dudley-Digges, où elle niche sur un épais
lit de roseaux desséchés.

Les observations de M. Barnston tendent, comme nous l'avons
dit, à démontrer que c'est à tort que l'on a considéré l'Oie
bleuâtre comme la même espèce que l'Oie hyperborée, ou tout
au plus une simple variété, les relations intimes existant entre
les unes et les autres ayant seules motivé cette confusion.

Le mémoire si plein de faits de M. Barnston ne servirait-il
qu'à attirer l'intention sur la spécification distincte de ces deux
oiseaux, que l'on paraît persister à confondre sous une seule espèce, qu'il suffirait pour provoquer sur ce point une nouvelle
étude de la part des ornithologistes : c'est cette importance qui
nous a fait sortir de notre réserve au regard de toutes discussions
scientifiques.

8ᵉ FAMILLE

CYGNINÉS ou **CYGNES.** — **Cygninæ** (Ch. Bonap.).

Les Cygnes, en dehors des particularités qui leur sont propres, se font remarquer, du moins chez une de leurs espèces, par la constitution de leur sternum et la conformation de leur trachée-artère. Le sternum dans ce cas, très vaste, est presque entièrement creux ; or, ce vide, à part sa destination qui sert à augmenter la pneumaticité de l'oiseau, en a une autre : celle de loger la trachée-artère, dont l'allongement extraordinaire et en disproportion avec celui pourtant si prononcé du cou, exigeait un plus grand emplacement ; contournée et repliée sur elle-même, elle s'introduit dans la crête en bréchet du sternum, et y forme une double circonvolution avant de s'engager dans les poumons.

L'estomac par lui-même, et sous le rapport de sa robuste organisation, diffère de celui des Canards. Ainsi Borelli, expérimentant sur des Cygnes du palais de Florence, a constaté que le gésier de ce Palmipède brisait aisément les noyaux de pistaches et d'olives.

Il est encore une autre particularité dans ses ailes que présente seul le Cygne, et que l'abbé Bexon, dans sa description par trop académique, a fait assez ressortir, tout en les comparant justement aux voiles d'un navire.

Ses ailes, en effet, n'ont aucun rapport avec celles de tous les Lamellirostres que nous venons de passer en revue. Chez les Canards, ou Anatidés, par exemple, l'aile est composée de deux parties principales : l'une, l'aile ordinaire, avec ses grandes et petites rémiges ; l'autre espèce d'aile bâtarde formée par les couvertures alaires, qui ne sont que de petites plumes étroites et acuminées, qui n'ont d'autre destination que d'aider au vol en remplissant le vide existant entre l'aile éployée et le corps.

Chez le Cygne, cette fausse aile n'existe pas, ou du moins est remplacée par les rémiges secondaires qui sont plus allongées et, munies de larges barbes, de même que les couvertures ; de plus,

le système musculaire de ces membres est organisé de telle façon
que sans fatigue aucune, lorsqu'il nage, il a la faculté d'ouvrir
ses ailes, non pas sur un plan horizontal, mais verticalement, de
manière que tout en tenant les ailes serrées près du corps, il sou-
lève simplement l'articulation de l'humerus et du cubitus, et que,
par suite de la réunion des plumes des couvertures alaires ainsi
relevées au-dessus du dos en forme de berceau, l'ouverture qu'elles
laissent entre elles et le corps permet au vent de s'y introduire,
et de pousser ainsi l'oiseau, en doublant la vitesse d'impulsion de
sa force de natation habituelle, d'où il suit que le Cygne a le double
avantage, dans l'air, de voler contre le vent, sur l'eau, de prendre
le vent en poupe et de s'en servir comme moteur auxiliaire. Ce
qui explique ce que l'on a dit de ce palmipède : qu'il nage si vite
qu'un homme marchant rapidement, courant même sur le rivage,
a grande peine à le suivre.

Reste donc son vol, dont Audubon seul a parlé en maître qui
a vu et observé. Ce vol, toujours élevé, souple et vigoureux en
même temps, n'offre rien d'extraordinaire que par l'amplitude
de ses ailes. Mais, de même que pour plonger, elles lui sont un
embarras au combat dans les airs. Surpris par le Pygargue, son
seul ennemi déclaré parmi les oiseaux, à la suite de bien des
hauts et des bas, il n'a presque jamais d'autre ressource, si toutefois son agresseur lui en laisse le temps, que de chercher un abri
et son salut sur les eaux.

Jaloux et intrépide pour la garde et la défense de sa famille et
de ses petits, il semble qu'à terre il reprenne ses avantages. Son
courage dans ces moments n'est, dit-on, comparable qu'à la fureur avec laquelle il se précipite sur l'assaillant. Il devient alors
presque féroce et se bat avec acharnement ; souvent un jour ne
suffit pas pour vider ce duel opiniâtre, et l'on a vu de ces combats
commencer à grands coups d'ailes, continuer corps à corps, et
finir ordinairement par la mort d'un des deux, car, de même que
les Oies, ils cherchent réciproquement à s'étouffer en se serrant
le cou dans des enlacements de couleuvres, et s'ils sont près de
la rive, en se tenant par force la tête plongée sous l'eau.

Là, il ne craint pas même le chien le plus fort ; on sait que, d'un coup d'aile, il peut briser la jambe d'un homme, tant la détente musculaire en est prompte et violente.

En définitive, avec un instinct social autant, si ce n'est plus, développé que chez les Oies, les Cygnes volent par grandes bandes en ordre régulier ou marchent et nagent attroupés.

La famille, quant aux espèces propres à l'Europe, sur quatre groupes qu'on a formés : Cygnes, Olors (que nous confondons ensemble), *Chenopis*, le Cygne noir de la Nouvelle-Hollande et *Coscoroba*, n'en renferme qu'un dont nous ayons à nous occuper.

GROUPE GÉNÉRIQUE UNIQUE
CYGNE, *CYGNUS* (Linn.).

Bec de la longueur de la tête, épais à la base, qui est ou simplement renflée ou couverte par une cire, ou surmontée d'un tubercule charnu, convexe, déprimé et obtus à l'extrémité, d'égale largeur dans toute son étendue ; onglet large, très recourbé ; lamelles de la mandibule supérieure à peine saillantes au delà des bords du milieu du bec qui forme une légère courbe relevée; narines médianes latérales oblongues ; ailes amples subaiguës; queue courte, arrondie ou carrée ; tarses épais, courts, de la longueur à peine du doigt médian ; palmures amples ; pouce très petit et ne portant à terre que par l'extrémité de l'onglet.

Ce groupe est représenté, en Europe, par trois espèces, la quatrième qui a été introduite, et que nous n'admettons pas, ne reposant que sur une simple différence dans la couleur du duvet du premier âge, et à laquelle on a donné le nom d'*invariable* (*immutabilis*).

PL. 77. — CYGNE INVARIABLE.
Cygnus immutabilis (Yarrell).

Toutes trois ont le cercle arctique pour point de départ de leurs migrations.

PL. 78. — CYGNE A BEC JAUNE ou SAUVAGE.

Cygnus ferus (Ray).

Mâle adulte : tout le plumage d'un blanc parfait, à l'exception de la tête et de la nuque, très légèrement teintées de jaunâtre ; bec noir, couvert à sa base par une cire jaune qui entoure également la région des yeux; iris brun; pieds noirs. Taille de un mètre cinquante-cinq centimètres, et souvent plus.

Femelle : ne diffère que par une taille moindre.

Il habite les régions du cercle arctique; assez commun en Islande ; de passage, l'automne sur les côtes d'Angleterre, l'hiver sur celles de la Hollande et de la France; en plus petit nombre dans l'intérieur des terres; se montre aussi en Allemagne. Un très grand nombre, d'après Gerbe, hivernerait sur les côtes du Pont-Euxin; quelques individus seulement se montrent, dans les grands hivers sur les lacs de la Suisse et de la Savoie.

Se nourrit de plantes aquatiques, de poissons et même de grenouilles, ainsi que d'insectes.

Niche à terre, dans les herbes proches des eaux ; pond de cinq à sept œufs d'un blanc rougeâtre et souvent recouverts d'un enduit crétacé; ils mesurent onze centimètres de grand diamètre sur sept de petit.

Le Cygne sauvage est, pour les Islandais, ce que sont pour nous le Coucou et l'Hirondelle ; il leur annonce le printemps et la belle saison ; à l'Angleterre il n'apporte que la neige et la tempête. Dans ce dernier pays cependant, ce n'est guère que le vingt octobre que les Cygnes sauvages font leur apparition; ils y arrivent par bandes de cent à deux cents individus.

Le Cygne sauvage, malgré ses habitudes naturelles, ne se soumet pas moins assez facilement à la domesticité, et Gerbe dit que M. Deméezemacker fils en a vus en Angleterre, qui se sont reproduits et ont eu des petits en captivité.

C'est une espèce dont le sternum loge, dans le creux de son bréchet, une grande portion de la trachée-artère.

C'est le type du sous-groupe *Olor* de Wagler.

PL. 79. — CYGNE DE BÉWICK.

Cygnus minor (Keyserling et Blasius, *ex* Pallas). — *Cygnus Olor, b. minor* (Pallas). — *Cygnus Bewicki* (Yarrell).

Mâle adulte : plumage d'un blanc pur avec une légère teinte jaunâtre à la tête et à la nuque ; bec noir de la pointe jusqu'au delà des narines, jaune orange dans le reste, ainsi que le tour des yeux ; iris brun noir, pieds noirs. Taille seulement de un mètre vingt-six centimètres.

Femelle : semblable, un peu plus plus petite.

Habite les régions arctiques, l'Islande la Sibérie, de passage en Angleterre, en Allemagne, en Belgique et en France, durant les hivers rigoureux.

Niche en Islande, et pond cinq ou sept œufs semblables à ceux du Cygne sauvage, mais ne mesurant que neuf à dix centimètres sur six et demi à sept. Il a les mœurs et les habitudes de ce dernier.

Comme lui aussi, le bréchet de son sternum est creusé pour loger une partie de la trachée-artère.

PL. 80. — CYGNE TUBERCULÉ ou DOMESTIQUE.

Cygnus mansuetus (Ray). — *Anas cygnus* (Linn.).

Mâle adulte : tout le plumage, sans exception, d'un blanc parfait, une protubérance sur le front ; bec rouge, à l'exception des bords des mandibules, de l'onglet, des narines, de la protubérance et du tour des yeux, qui sont d'un noir profond ; iris brun ; pieds d'un noir légèrement nuancé de rougeâtre. Taille de un mètre seize centimètres et plus.

Femelle : semblable, plus petite.

Habite les grandes mers de l'intérieur, surtout vers les contrées orientales du nord de l'Europe, de passage en France par les grands froids.

Se nourrit d'herbes aquatiques, de petits poissons et de coquillages.

A toutes les mœurs et les habitudes du Cygne sauvage. Mais le mode de construction de son nid ne manque pas d'intérêt.

En Europe, ce n'est qu'au mois d'avril qu'il se décide à chercher un emplacement pour ses œufs.

Son nid qu'il cache, tantôt sur un lit d'herbes sèches, tantôt au milieu du fourré qu'il a choisi, sur un tas de roseaux abattus, entassés, et même flottants sur l'eau, sur un îlot quand cela lui est possible, est des plus primitifs et grossièrement fait : et cependant il y met les soins que comportent et les lieux et les matériaux dont il dispose.

Le Cygne tuberculé est la souche, s'il n'est le même, de celui que nous élevons pour l'ornement des étangs et des parcs. Sa trachée-artère se rend directement dans les poumons, sans rien emprunter au sternum.

Conservé libre dans les parcs et dans les jardins, il faut, durant l'incubation et l'éducation des petits, avoir grand soin d'éloigner les enfants des abords du nid. Pas assez forts, pas assez agiles pour se soustraire aux attaques et aux poursuites du mâle, toujours jaloux et irrité, il y aurait pour eux danger de blessures graves et même de mort.

L'élevage du Cygne est aussi facile et aussi productif que celui de l'Oie, quoique l'industrie ait donné la préférence à ce dernier oiseau ; la chair du Cygne est exempte de toute espèce de goût fort et désagréable. On a vu le Cygne tuberculé mâle s'accoupler avec l'Oie domestique.

Ce groupe clôt le sous-ordre des Lamellirostres et de son unique tribu des Anatidés, ou Canards, dont il est le type le plus distingué.

De ce court aperçu des Lamellirostres, on est fondé à les considérer comme les derniers de tous les oiseaux palmipèdes qui aient fait leur apparition à la surface du globe. L'aptitude à la marche quoique alourdie et gênée par leur poids, la facilité de se transporter au travers des terres, comme les oiseaux marins au travers des mers, le mode de nourriture, tout en fait des oiseaux presque plus terrestres qu'aquatiques, sans qu'ils soient encore cependant absolument marcheurs, dans la force du terme.

FIN DES OISEAUX D'EAU

TABLE ALPHABÉTIQUE

DES MATIÈRES—DES NOMS D'AUTEURS—DES CHROMOTYPOGRAPHIES
DES NOMS FRANÇAIS, VULGAIRES, ÉTRANGERS ET LATINS
D'OISEAUX, CONTENUS DANS CE VOLUME

FIN DE LA TABLE DES MATIÈRES

Pau — Imprimerie de Ve Lacroix, 3, rue Maréchal — Suchet.